KB044584

강양구의 강한 과학

강양구의 강한 과학

—과학 고전 읽기

제1판 제1쇄 2021년 2월 26일
제1판 제2쇄 2021년 10월 25일

지은이 강양구
펴낸이 이광호
주간 이근혜
편집 홍근철 박지현
펴낸곳 ㈜문학과지성사
등록번호 제1993-000098호
주소 04034 서울 마포구 잔다리로7길 18(서교동 377-20)
전화 02)338-7224
팩스 02)323-4180(편집) 02)338-7221(영업)
전자우편 moonji@moonji.com
홈페이지 www.moonji.com

© 강양구, 2021. Printed in Seoul, Korea.

ISBN 978-89-320-3838-4 03400

이 책의 판권은 지은이와 ㈜문학과지성사에 있습니다.
양측의 서면 동의 없는 무단 전재 및 복제를 금합니다.

강양구의 강한 과학

과학 고전 읽기

강양구 지음

문학과
지성사

고민과 실천을 이끄는 강한 과학

2016년 1월, 한국에 본부를 둔 한 국제 과학 기구에서 우리 시대의 과학 고전 50권을 새롭게 선정해서 발표했습니다. 나중에 그 50권을 놓고서 선정에 참여한 과학자 몇몇과 함께 서평을 쓰는 연재 기획에 참여하게 되었죠. 그 과정에서 국내 여러 대학에서 마련한 고전 목록을 꼼꼼히 들여다봤습니다.

한마디로 우스꽝스러웠습니다. 장담컨대, 선정에 참여한 교수도 제대로 읽어보지 않았을 고전이 10대나 대학생에게 권하는 책으로 버젓이 올라와 있었죠. 과학 고전만 한정해서 보자면, 지금의 시점에서는 낡아서 추천할 만한 책이 아니거나, 혹은 세심한 독서 지도가 필요한 것도 여럿이었습니다. 이런 식으로는 곤란하다는 생각을 하게 됐죠.

15년 넘게 학교에서 독서 지도를 하는 선생님 가운데도 답답함을 토로하는 분들이 많았습니다. 고등학교에서 사회 과목을 가르치는 한 선생님은 어느 유명 대학의 고전 목록에 올랐다는 이유만으로 『이기적 유전자』 같은 책을 읽는 아이들이 많다면서 독후감을 보여주기도 했습니다. 여기저기서 짜깁기한 앵무새 같은 글이 대부분이었습니다.

그럴 만했습니다. 『이기적 유전자』는 진화생물학을 공부하는 대학원 박사 과정 학생도 그 의미를 온전히 이해하는 데에 어려움을 호소하는 책이니까요. 더구나 이 책이 세상에 등장한 1970년대 중반의 학계와 사회의 맥락을 모르면 그 책이 갖는 의미도 제대로 평가할 수 없습니다. 선생님과 함께 쓴웃음을 지을 수밖에 없었습니다.

상황이 이렇다 보니, 고전 읽기가 '밑줄 쫙'식의 요약으로 대체되고 있습니다. 고전에 대한 세간의 상식을 넘지 못하는 구태의연한 소개와 평범한 해석만 넘쳐나고 있습니다. 당연히 고전을 새롭게 읽으려는 시도도 없고, 수십 년째 방치된 낡은 고전 목록을 시대의 변화에 맞춰서 바꾸려는 노력도 없지요.

요즘에는 조금만 기사가 길면 "세 줄로 요약해달라"는 댓글이 붙습니다. 문제입니다. 왜냐하면, 겉보기에 단순해 보이는 사건도 파면 팔수록 피해자와 가해자가 또렷하지 않거든요. 때로는 가해자가 또 다른 피해자인 경우도 수두룩합니다. 세 줄로는 뒤에서 웃는 진짜 가해자를 지목할 수 없습니다.

고전 한 권을 둘러싼 사정도 마찬가지입니다. 우선 그 책이 세상에 등장할 때의 복잡한 맥락이 존재합니다. 그 책이 고전으로 자리매김하면서 좌충우돌 덧붙은 다양한 해석도 중요합니다. 결정적으로, 그 책이 '지금' 우리에게 무슨 의미가 있는지 따져 물어야죠. 이런 일이 제대로 이뤄질 때, 비로소 그 책은 우리 삶 속에 뿌리를 내린 명실상부한 고전이 될 수 있습니다.

◆

이런 모습에 답답해하다가, 아예 내가 다른 방식으로 고전을 읽고 해석하는 방법을 보여주자고 결심했습니다. 특히 갈수록 삶 속에서 비중이 커지는 과학기술과 사회의 관계를 성찰할 수 있도록 '과학' 고전에 초점을 맞춰보기로 했습니다. 과학 고전 23권을 골라서 이렇게 책을 펴낸 이유입니다.

우선 기존에 널리 알려진 과학 고전 가운데 지금 시점에서도 여전히 그 의미가 남다른 책을 새롭게 해석해서 읽기를 권했습니다. 책의 가치에 비해서 많은 사람이 주목하지 않았던 고전도 발굴해서 소개했습니다. 아직 세월의 검증을 거치지 않았지만, 필시 고전이 될 자격이 충분한 책도 과감하게 추천했습니다.

그간 과대평가를 받아온 고전 가운데 재평가가 불가피한 책은 그 한계를 명확하게 밝혔어요. 연장선상에서 편집자와 상의해서 유용한 장치도 넣었습니다. 23권을 '청소년들이 꼭 읽어야 할 책' '청소년들이 읽을 때 지도가 필요한 책' '청소년들이 꼭 읽어야 할지 의문이 드는 책'으로 나눴습니다.

예를 들어, 칼 세이건의 『코스모스』는 여전히 꼭 읽어야 할 책이지만, 리처드 도킨스의 『이기적 유전자』나 제임스 왓슨의 『이중나선』은 꼭 읽어야 할지 의문이 드는 책입니다. 여러 고전 목록에서 빠지지 않는 토머스 쿤의 『과학혁명의 구조』나 C. P. 스노의 『두 문화』는 읽을 때 지도가 필요한 책입니다. 독서 토론의 가이드로 유용하리라 확신합니다.

가끔, 매년 쏟아지는 과학책 가운데 추천 도서를 골라달라는 요청을 받습니다. 직접 읽은 과학책 가운데 본문의 고민을 가다듬는 데에 도움을 받았거나, 혹은 추가로 읽으면 좋을 법한 책을 꼭지마다 추천했습니다. 책 마지막에는 그렇게 추천한 책을 어떻게 읽으면 좋을지 간단한 메모도 덧붙였습니다. 이 책이 더 넓고 깊은 세계로 들어가는 문이 되면 좋겠습니다.

◆

고전 읽기를 강요받는 10대 청소년이나 대학생을 우선 독자로 정했습니다. 하지만 과학기술 시대를 살아가는 시민이라면 누구나 읽고서 고민해볼 만한 주제를 담았습니다. 그런 점에서 제목 '강한 과학'을 놓고서도 설명을 덧붙여야겠습니다. '과학'을 수식하는 '강한'에는 세 가지 의미가 있습니다. 우선, 말 그대로 과학기술은 우리의 삶을 좌지우지할 정도로 강합니다.

돌이켜보면, 최근 몇 년간 한국 사회를 가로지르는 여러 문제가 대부분 과학기술과 얽혀 있습니다. 인류를 괴롭힌 바이러스 유행은 그 정체를 파악하는 일부터 막아내는 일까지 모조리 과학기술과 떼려야 뗄 수 없습니다. 바이러스 유행 탓에 중요성이 새삼 강조된 비대면 경제 역시 과학기술이 없다면 존재할 수 없죠. 당장 손안의 휴대전화가 그 증거입니다.

더구나 앞으로 과학기술은 더욱더 힘이 세질 가능성이 큽니다. 대통령마다 한목소리로 칭송하는 인공지능이 일상생활 속으로 들어오면 인간의 자리는 어떻게 될까요? 기본소득과 같은 새로운 사회안전망을 둘러싼 논의도 과학기술이 추동한 것입니다. 이럴 때일수록 과학기술이 할 수 있는 것과 할 수 없는 것을 섬세하게 구분하는 지혜가 필요합니다.

'강한strong'의 또 다른 의미를 알려면 1970년대 중반의 영국 스코틀랜드 에든버러 대학교로 가야 합니다. 당시 에든버러 대학교에 몸담고 있던 데이비드 블루어, 배리 반스 같은 사회학자는 과학과 사회의 상호작용을 진지하게 고민하기 시작했습니다. 이들은 이런 자신의 접근을 '스트롱 프로그램strong program'이라고 불렀죠.

스트롱 프로그램은 정치, 경제, 문화처럼 과학 역시 다양한 사회 요인의 영향 속에서 만들어진 것으로 여깁니다. 과학은 과학자의 이해관계나 실험실 문화, 또 당대의 정치, 경제, 문화로부터 자유롭지 않아요. 스트롱 프로그램의 문제의식은 50년 가까이 다양하게 변주되면서 과학기술과 사회의 관계를 고민하는 많은 이들에게 영향을 줬습니다.

저도 마찬가지입니다. 2003년부터 지금까지 20년 가까운 기자 생활 동안 과학기술과 사회가 어떻게 서로 영향을 주고받는지를 추적해왔어요. 틈나는 대로 그때그때의 문제의식을 담아서 『세 바퀴로 가는 과학 자전거』 『수상한 질문, 위험한 생각들』 『과학의 품격』 같은 책도 펴냈습니다. 이 책은 또 다른 후속 작업입니다.

마지막으로 '강한'에는 잊지 못할 소중한 추억이 담겨 있습니다. 드라마 「응답하라 1994」가 그리던 시절인 1996년부터 1998년까지 3년간 저는 매주 금요일 혹은 토요일 오후에 서울대학교 앞 녹두거리의 한 카페에 있었습니다. 대학원생과 대학생 몇몇이 모여서 과학기술과 사회가 어떻게 관계를 맺어야 하는지 공부하고 토론했죠.

바로 그 공부 모임의 이름이 '강한 모임Strong Team'이었습니다. 앞에서 언급한 1970년대 에든버러 대학교에서 시작한 스트롱 프로그램의 문제의식을 염두에 둔 것이었죠. 하지만 또 다른 중요한 이유도 있었습니다. 공부 모임의 가장 연장자의 성(한)과 가장 막내의 성(강)이 공교롭게도 '강한'이었습니다.

맞습니다. 그 모임의 막내가 저였습니다. 이 책은 따지고 보면, 20년도 전에 이 책에 실린 여러 과학 고전을 함께 읽고 토론했던 20대의 나, 또 여러 강한 모임 동료와 시간을 초월해 나누는 대화이기도 합니다. 그 열정적이었던 강한 모임의 흔적이

이 책을 통해서 독자 여러분과 공유된다면 정말로 기쁠 것 같습니다.

◆

한 권의 책을 세상에 내놓는 일은 항상 부끄럽습니다. 이 책에 읽을 만한 구석이 있다면 앞에서 언급한(지금은 제각각 저마다 치열한 삶을 사는) 강한 모임의 구성원을 비롯한 여러분이 25년 넘게 아낌없이 준 소중한 가르침 덕분입니다. 마음의 빚은 부끄럽지 않은 말과 글, 또 삶으로 갚겠습니다.

그런 점에서 이 책이 10대를 비롯한 여러 독자의 새로운 고민을 자극하고, 남다른 선택을 독려하며, 나아가 치열한 실천을 이끄는 '강한' 자극제가 되었으면 좋겠습니다. 마지막으로 항상 고전 읽기를 즐기셨던, 그래서 고전을 멀리하는 아들을 딱하게 생각하셨던 아버지에게 이 책을 바칩니다.

2021년 2월

강양구

차례

제3부 궁극의 과학 — 모든 것의 이론을 향해

제4부 미래의 과학 — 기술이 사람을 만든다

일러두기

1. 인명, 지명 등 고유명사의 외래어 표기는 국립국어원 외래어 표기법에 따랐다.
2. 괄호 안에 표시된 원화는 KEB하나은행에서 공시한 2021년 2월 1일 환율(매매기준율)에 따라 1달러당 1,120원으로 계산한 값이다.

제1부

의심의 과학

과학 역시 사람이 하는 일이다

오늘날 사람들은 과학을 마치 신과 같은 완전무결한 존재로 보는 경향이 있습니다. 하지만 과학은 수많은 논쟁을 통해 만들어집니다. 그리고 그 논쟁 과정에서 흔히 우리가 '과학적'이라고 여기는 것과는 어울리지 않는 여러 가지 사회적 요소가 상당히 많이 개입합니다.
심지어 그 결론을 이끄는 과정 역시 거칠고요.
이 책들은 이런 정돈되지 않은 과학의 민낯을 보여줍니다.
그러고 나서 이렇게 묻습니다.
'이래도 과학을 맹신하시겠습니까?'
이런 질문도 나옵니다.
'이래도 과학에 관심을 끊으시겠습니까?'
과학을 맹신하지 않고 또 적절히 관심을 두면서 감시하는 것이야말로 과학이 폭주하는 골렘이 되지 않도록 막는 길입니다.

• 청소년들이 꼭 읽어야 할 책 •

과학 기사를 믿지 마라

『셀링 사이언스』
도로시 넬킨

사람들은 과학기술에 대해 신문이나 방송에 발표하는 뉴스를 크게 신뢰한다.
그런데 정확하고 균형 있는 시각을 유지해야 할 언론이
만약 과학에 편파적인 태도를 가지고 있다면 어떨까?
『셀링 사이언스』는 재조합 DNA, 생명공학 논쟁,
과학 사기 사건 등 다양한 사례를 바탕으로, 새롭고 '잘 팔리는'
뉴스거리를 좇는 미국의 과학 보도를 비판적으로 다룬 책이다.
『셀링 사이언스』를 읽으며 우리나라의 과학 보도는 어떤지 되돌아보자.

제2의 황우석을 만드는 사람들

2014년 영화 「제보자」가 꽤 화제가 되었습니다. 이 영화의 주인공은 스타 과학자의 논문 조작을 내부 고발한 '제보자'(과학자)와, 어려움을 무릅쓰고 그 사실을 보도한 지상파 방송사의 탐사 보도 프로그램 PD입니다. 그런데 얼마 전 고등학교에 강연하러 갔다가 당혹스러운 경험을 했습니다. 강연이 끝나자 한 여학생이 다가와서 이렇게 묻는 거 아니겠어요?

"혹시 영화 「제보자」의 주인공이 기자님이세요?"

"아니에요" 하고 손사래를 쳤더니, 그 여학생은 이렇게 물었습니다. "황우석 박사의 논문 조작을 폭로한 공으로 상도 받으셨잖아요?" 그 순간 말문이 막히더군요. "황우석 박사의 논문 조작은 한두 사람이 아니라 여러 사람의 노력으로 밝혀진 사실인데, 영화는 그중 일부만 보여준 거예요."

이렇게 답하고서도 영 개운치 않았습니다. 실제로 있었던 일을 영화나 드라마로 극화할 때의 문제점도 떠올랐고요. 그 여학생처럼 2005년에 있었던 이른바 '황우석 사태'를 직접 경험하지 못한 친구에게 실제로 무슨 일이 있었는지 알려줄 필요성도 느꼈죠. 그 영화는 사실과 다른 부분이 태반이니까요.

생각이 꼬리를 물면서 더 중요한 사실도 떠올랐습니다. 지금도 황우석 박사의 어처구니없는 논문 조작을 부추겼던 문제는 그대로 반복되고 있습니다. 도로시 넬킨Dorothy Nelkin(1933~2003)의 『셀링 사이언스*Selling Science*』(1987)를 새삼 다시 읽어봐야겠다고 생각한 것도 이 때문입니다. 이 책대로라면 황우석 사태는 앞으로도 언제든지 일어날 수 있는 일이에요.

언론이 거짓을 말했다

황우석 박사의 논문 조작이 밝혀지고 나서 시민의 질타를 가장 많이 받은 것은 언론이었습니다. 언론이야말로 황우석 박사가 말하는 대로 받아쓰면서, 그의 연구 성과를 부풀려 시민에게 전달한 장본인이었으니까요. 이런 기사 덕분에 황우석 박사는 전 국민이 존경하고 좋아하는 '스타 과학자'로 떠오를 수 있었죠.

예를 들어 이런 식이었습니다. 언론은 연구를 뒷받침하는 논문이 없는데도 황 박사의 말만 듣고 그가 최초로 복제 소 '영롱이'를 만들었다고 보도했습니다. 나중에는 황 박사가 백두산 호랑이를 복제하고 있다는 보도도 나왔죠. 사실 호랑이 복제는 불가능한 상황이었습니다. 당시 황 박사는 호랑이 세포에서 추출한 핵을 고양이도 아닌 돼지 난자에 집어넣고 있었거든요(그렇게 만들어진 배아(호랑이 핵+돼지 난자)는 돼지 자궁에 착상되었습니다!).

이런 스타 만들기는 황우석 박사가 2004년과 2005년 잇따라 세계적인 과학 잡지 『사이언스』에 논문을 발표하면서 극에 달했습니다. 한 언론은 2004년 황 박사가 "최초로" 인간 복제 배아 줄기세포를 만들어 『사이언스』에 논문을 발표한 사실을 두고 "미 생명공학 기술 고지에 태극기 꽂고 왔다"고 선정적으로 보도했습니다.

설사 황우석 박사가 인간 복제 배아 줄기세포를 만들었다고 하더라도, 그것을 실제로 난치병 환자에게 적용하는 데는 장애물이 한두 가지가 아닙니다. 자칫하면 환자의 생명을 앗아갈 수도 있기 때문에 환자에게 적용할 때는 철저한 검증이 필요하죠. 하지만 언론은 당장이라도 황 박사가 난치병 환자를 몽땅 치료하는 기적이라도 낳을 것처럼 보도했습니다.

한편에서는 '10년 후 황우석 박사의 연구가 우리나라를 먹여 살린다'는 내용의 언론 보도도 이어졌습니다. 인간 복제 배아 줄기세포를 산업화하면 시쳇말로 '대박'을 터뜨릴 수 있으리라는 기대감이었죠. 이런 보도 때문에 황 박사 연구와 특별히 관계도 없는 생명공학 회사의 주가도 덩달아 올랐습니다(당시 이런 주식에 투자했던 투자자는 나중에 큰 손해를 보았죠).

결국 인간 복제 배아 줄기세포는 없었고 2004년, 2005년 『사이언스』에 발표한 논문도 조작된 것이라는 사실이 드러나면서, 이런 장밋빛 언론 보도는 모두 쓰레기통에나 들어가야 할 오보로 확인되었습니다. 황우석 박사를 희망으로 생각했던 수많은 난치병 환자와 그 가족은 절망했고, 그를 우리나라의 미래를 책임질 과학자로 여겼던 여러 시민은 망연자실할 수밖에 없었죠.

그럼 이런 광풍이 사그라진 지 한참이 지난 지금은 어떤가요? 지금도 '세계 최초' 혹은 '국내 최초'를 강조하는 과학기술 기사는 넘칩니다. "이 분야의 세계 시장 규모는 향후 ○○억 달러에 이를 것"이라며 특정 과학기술 연구를 미래의 경제 성장 동력으로 칭송하는 기사도 쉽게 볼 수 있고요.

황우석 박사를 '민족의 영웅'으로 묘사했던 애국주의는 어떤가요? 미국, 유럽, 일본과 같은 과학기술 선진국에서 해내지 못한 일을 우리나라 과학기술자가 해냈다는 사실은 언론의 단골 기삿거리입니다. 노벨상 시즌만 되면 이번에는 우리나라 과학자가 노벨상을 받을 수 있을지가 가장 큰 관심거리죠.

도대체 황우석 사태 같은 엄청난 일을 겪고 나서도 왜 우리나라의 과학 보도는 전혀 달라지지 않았을까요? 『셀링 사이언스』에 그 답이 있습니다.

과학기술자의 말을 받아쓰는 언론

한동안 뜸했지만 국내 언론이 이공계 출신을 과학 담당 기자로 채용하는 것이 유행이었던 적이 있습니다. 과학 기사를 쓰는 기자의 과학 지식이 좀더 풍부해지면 좋은 기사가 나오리라는 기대 때문이었죠. 그래서 의사 자격증을 가진 의과대학 출신이나, 학부나 대학원에서 과학이나 공학을 전공한 이들이 채용되어 과학기술만 전담하는 이른바 '과학 전문 기자'가 되었죠.

그런데 이게 어떻게 된 일입니까? 2005년에 황우석 박사의 논문을 둘러싼 진위 논란이 한창일 때, 황 박사의 입만 쳐다보면서 엉터리 기사를 썼던 이들이 바로 이런 '과학 전문 기자'였습니다. 노골적으로 엉터리 기사를 썼던 기자들 가운데는 의과대학 출신도 있었고, 유명 대학에서 생물학을 전공하며 과학자로서 훈련받은 이도 있었죠.

더 많은 과학 지식이 더 좋은 과학 기사로 이어지기는커녕 오히려 논문 조작 같은 과학 사기를 감싸는 결과로 나타난 까닭은 무엇일까요? 『셀링 사이언스』를 쓰고자 넬킨이 인터뷰했던, 과학을 담당하다 정치 기사를 쓰게 된 『뉴욕 타임스』 기자의 고백에서 그 이유를 찾아볼 수 있습니다.

> "정치 기사를 쓰니 예전에 과학 기사를 쓰던 때보다 훨씬 더 자유롭게 느껴지더군요. [……] [과학 기자가] 과학계로부터 거리를 두기란 매우 어렵죠. 지금은 내가 지닌 기자로서의 타고난 감각을 동원해서 대통령에 관해 기사를 쓸 수 있습니다. 과학 기자로 있을 때는 상상도 할 수 없었던 일이죠."*

1921년 미국에서 과학 기사의 배포를 위해 최초로 만들어진 통신사 '사이언스 서비스'가 과학기술계의 목소리를 대변하는 것을 목적으로 한 이래, 언론은 지속적으로 과학자나 엔지니어의 목소리를 대중에게 전달하는 데 주력해왔습니다. 우리나라의 과학기술 보도 역시 다르지 않았고요.

그런데 이런 모습이 이상하지 않나요? 독자가 대통령이나 국회의원을 취재하는 정치부 기자에게 기대하는 일은 권력을 감시하고 견제하는 것이에요. 언론계에서 리처드 닉슨(미국 제37대 대통령, 재임 기간 1969~1974)을 미국 대통령 자리에서 끌어내린 워터게이트 사건••을 고발한 두 기자 밥 우드워드와 칼 번스틴을 영웅 대접하는 것도 이 때문입니다.

대기업을 취재하는 기자에게 독자가 기대하는 것은 '회장님'이 말하는 대로 받아쓰는 기자가 아닙니다. 사주 일가가 세금을 착복하거나 기업이 돈벌이를 위해서 심각한 환경오염을 유발하지는 않는지 등을 감시하고 고발하는 일이야말로 경제부 기자가 해야 할 역할이죠. 영화나 문학 담당 기자에게 기대하는 일도 좋은 작품은 칭찬하고 나쁜 작품은 비판하는 역할이고요.

기자 일반에게 시민이 기대하는 역할을 과학기술 분야에도

• Dorothy Nelkin, "Selling Science," *Physics Today*, 43(11), 1990, pp. 41~46.

•• 1972년 6월 리처드 닉슨 전 대통령의 재선을 꾀하려던 비밀공작반이 워싱턴 워터게이트 빌딩에 있는 민주당 전국위원회 본부에 침입해 도청 장치를 설치하려다 발각·체포된 미국의 정치적 사건.

그대로 적용한다면, 과학 기자는 과학자나 엔지니어가 연구 개발하는 과학기술 가운데 칭찬할 만한 것은 칭찬하되, 시민의 삶에 심각한 영향을 주는 문제점은 없는지 감시하고 고발해야죠. 그런데 『뉴욕 타임스』 기자의 고백에서 확인할 수 있듯이, 우리나라는 물론이고 미국에서도 과학 기자는 유독 예외입니다.

대학에서 과학자나 엔지니어가 되기 위한 훈련을 받은 기자는 과학 지식뿐만 아니라 자연스럽게 과학기술계의 이해관계나 사고방식을 체화하게 됩니다. 이런 기자가 취재 현장에서 과학자나 엔지니어를 만나게 되면, 그들을 감시하거나 견제하기보다는 오히려 동일시하기 십상이죠. 황우석 박사를 취재하던 의과대학 혹은 생물학과 출신의 기자들이 그랬던 것처럼 말이에요.

과학기술을 우러러보는 사회

앞에서 살펴봤듯이 유독 과학 기자가 취재원(과학기술계)과 거리 두기를 하지 못하고, 그들과 유착되어 기껏해야 대변인으로 전락하게 된 이유는 무엇일까요?

편차는 있지만 대다수 시민에게 과학기술은 그 자체로 선善입니다. 과학기술은 경제 성장의 기초일 뿐만 아니라, 사회 진보의 동력이죠. 이렇게 과학기술의 힘을 우러러보는 사회 분위기에서 과학 기사를 쓰는 많은 기자 역시 자유롭지 못합니다. 왜냐하면 그들도 기자이기 이전에 당대 사회를 살아가는 개인일 뿐이니까요.

그러니 과학 기자들이 현대 과학기술의 긍정적인 면을 부각하고, 부정적인 면을 보지 못하거나 애써 무시하는 것은 어찌 보면 당연한 일입니다. 제2차 세계대전 직후 파리 특파원으로 기자 생활을 시작해 최근까지 수십 년간 활동해온 미국의 과학 기자 데이비드 펄먼David Perlman(1918~2020)이 그 생생한 증거입니다.

펄먼은 10년 정도 기자 경력을 쌓은 1957년부터 본격적으로 과학 기사를 쓰기 시작합니다. 과학기술이 세상을 구원하리라는 낙관론이 팽배했던 1960년대에 펄먼의 기사는 과학기술 예찬으로 가득 차 있었습니다("화학 살충제의 개발은 축복이자 대약진!"). 펄먼은 그 후 수십 년 동안 과학기술계의 후원자인 정부, 기업, 또 과학기술자의 목소리를 대변하는 역할을 해왔죠.

그런데 이런 펄먼도 잠시 과학기술의 한계를 지적하고 과학기술의 발전을 둘러싼 여러 문제점에 주목한 때가 있었습니다. 바로 1970년대의 잠깐 동안이었죠. 이때는 환경 운동, 평화 운동, 핵무기 반대 운동 등을 계기로 과학기술을 둘러싼 낙관론이 잠시 주춤하던 때였습니다. 펄먼의 기사 역시 그런 사회 분위기 속에서 자유롭지 못했던 거예요.

이런 과학기술에 대한 성찰적인 분위기는 1980년대를 기점으로 다시 한번 뒤집어집니다. 전 세계적으로 시장의 힘이 세지고, 사회 전체가 돈벌이만 우선시하는 분위기로 바뀌죠. 당연히 과학기술은 그 돈벌이 수단으로 강조되고요. 펄먼은 이때부터 다시 과학기술 낙관론을 강조하는 기사를 쓰기 시작합니다〔2020년 6월 세상을 뜬 펄먼이 2015년 12월 16일 『샌프란시스코 크로니클』에 쓴 기사는 '미국의 한 기업가가 3년 내 새로운 해양 탐사 기술을 개발한 과학자에게 700만 달러(약 78억 원)의 상금을 걸었다'는 소식입니다〕.

그렇다면 이제 확실해졌습니다. 과학 기사가 지금보다 나아지려면, 그래서 황우석 박사의 논문 조작을 언론이나 과학 기자들이 오히려 감쌌던 어처구니없는 일이 다시 반복되지 않으려면 과학기술의 힘을 우러러보는 사회 분위기부터 바뀌어야 합니다. 그런 분위기가 바뀌지 않으면 언론이나 과학 기자도 절대로 바뀌지 않기 때문입니다.

과학 뉴스에 질문하자

이제 2005년의 황우석 사태가 한국 사회에서 언제든 다시 반복될 수 있다고 걱정하는 까닭을 알겠죠? 여전히 우리나라에서 과학기술은 부작용을 감수하고서라도 무조건 발전시켜야 할 것으로 간주됩니다. 그리고 그런 시각을 부추기는 과학 기사를 지금 이 순간에도 수많은 매체에서 여러 기자가 생산하고 있죠.

그럼 어디서부터 시작해야 할까요? 넬킨은 우선 과학 기사를 생산하는 기자에게 이렇게 조언합니다. 과학기술 담당 기자인 제가 항상 머릿속에 담고 있는 충고죠.

> 〔과학〕 기자들은 〔과학〕 정보뿐만 아니라 이해를 전달하기 위해 노력해야 한다. 〔……〕 과학 활동이 내포하는 사회적·정치적·경제적 함의, 의사 결정을 뒷받침하는 증거의 성격, 그리고 과학이 인간 활동에 적용될 때 보여주는 힘뿐만 아니라 그 한계까지도 독자에게 전달할 필요가 있다.•

그런데 저를 포함한 과학 기자의 노력만으로는 한계가 있습니다. 앞에서 살펴봤듯이 과학기술의 힘을 우러러보는 사회 분위기도 같이 바뀌어야 하니까요. 그래서 친구들에게 한 가지 제안하고 싶습니다. 당장 오늘부터 과학기술과 관련된 온갖 뉴스를 놓고서 기사 하나당 질문 하나를 만들어보면 어떨까요?

오늘 신문을 보니, 로봇(드론)이 택배를 운반하는 일이 시간 문제라는 뉴스가 눈에 띕니다. 로봇이 택배를 운반하면 세상이 어떻게 변할까요? 좋은 뉴스일까요, 나쁜 뉴스일까요?

• 도로시 넬킨, 『셀링 사이언스』, 김명진 옮김, 궁리, 2010, 269쪽.

과학 고전 엮어 읽기

스타 과학자는 어떻게 만들어지는가

도로시 넬킨은 『셀링 사이언스』에서 언론의 스타 과학자 만들기에 일침을 가합니다. 매년 노벨상 수상자를 다룬 기사는 대표적이죠. "또 한 번의 강한 일본 바람" "올해도 미국은 노벨상에서 당연한 몫을 챙겼다" "미국 스타일의 승리" 등 제목만 보면 마치 올림픽 경기 보도를 보는 듯합니다.

실제로 스포츠 보도와 과학 보도는 아주 유사합니다. 마치 올림픽의 메달 수를 세듯 노벨상 수상자 숫자를 세죠. "수상자 11명 가운데 8명이 미국인" "8명의 미국인이 수상자로 지명되었는데, 이는 1972년의 기록과 동률" 같은 표현은 대표적인 예입니다. 또 이런 기사는 노벨상을 받은 과학자를 "자기 나라의 자존심을 건 경쟁을 벌이는 라이벌"처럼 묘사하죠.

그런데 넬킨은 이런 언론의 스타 과학자 만들기가 스포츠 기사와 중요한 점에서 다르다고 지적합니다. 스포츠 스타에 대한 보도는 많은 경우 "훈련 과정과 기법, 구체적 성과에 대한 분석"을 포함하죠. 하지만 노벨상을 받은 과학자에 관한 기사에서 수상자가 진행한 연구의 성격이나 그것이 지닌 과학적 중요성을 상세하게 다루는 경우는 거의 없습니다.

오히려 많은 경우 과학자의 연구는 "보통 사람의 이해력을 뛰어넘는 심오하고 신비스러운 활동"처럼 묘사됩니다. 이런 과학 보도의 결과는 뭘까요? 맞습니다. 대중은 과학을 사회와는 동떨어진 과학자만의 신비한 어떤 것으로 인식할 가능성이 큽니다. 언론은 온갖 세상사를 공론화할 책임을 가지고 있죠. 유독 과학 보도는 정반대로 가고 있는 것입니다.

더 읽어봅시다!

강양구, 『과학의 품격』, 사이언스북스, 2019.
캐럴 리브스, 『과학의 언어』, 오철우 옮김, 궁리, 2010.

• 청소년들이 읽을 때 지도가 필요한 책 •

혁명은 어렵고 또 어렵다

『과학혁명의 구조』
토머스 쿤

이번에 소개할 고전은 '정상 과학' '패러다임' 등의 개념이
최초로 등장했던 토머스 쿤의 저서 『과학혁명의 구조』다.
과학이 점진적으로 진보해간다는 인식을 깨고, 시대에 따라 변하며,
때로는 근본적인 기준을 뒤집기도 한다는 사실을 새롭게 지적한
이 책은 출간되자마자 큰 반향을 일으켰다.
지난 2011년, 과학계를 충격에 빠뜨린
'뉴트리노' 사건을 떠올리며 이 책을 다시 읽어보자.

혁명적 발견을 불신하는 과학자들

> 알베르트 아인슈타인Albert Einstein(1879~1955)의 상대성 이론 이후 100여 년 동안 절대 진리로 여겨졌던 '빛보다 빠른 물질은 없다'는 전제가 폐기될 위기에 처했다. 유럽입자물리연구소 세른CERN, Conseil Européen pour la Recherche Nucléaire이 3년간의 실험 결과 '뉴트리노neutrino'(중성미자)가 빛보다 더 빠른 것으로 나타났다고 발표했기 때문이다.•

> 이번 세른의 발표가 맞는다면 현대 물리학은 전면 다시 쓰여야 한다. 〔……〕 또 〔세른의 발표는〕 시간 여행이 가능한 '타임머신'의 제작 가능성을 제시한 것이어서 과학계는 물론 일반인들도 이번 발표 결과를 주목하고 있다. 아인슈타인의 상대성 이론에 따르면 타임머신의 제작은 불가능하다.••

• 「"빛보다 빠른 물질 있다" 아인슈타인 이론 뒤집나」, 『한겨레』, 2011.09.24.
•• 「빛보다 빠른 중성미자 운동 관측」, 『조선비즈』, 2011.09.24.

2011년 9월 24일, 전 세계 주요 언론은 한목소리로 "빛보다 빠른 물질이 있다." "시간 여행이 가능하다" 등의 소식을 전했습니다. 스위스 제네바 근처의 세른에서 약 730킬로미터 떨어진 이탈리아 그란사소까지 뉴트리노 빔을 쏘아 속도를 측정한 결과, 빛보다 약 1억분의 6초(60나노초) 빠른 것으로 나타났기 때문이죠.

이 실험 결과를 발표한 오페라OPERA, The Oscillation Project with Emulsion-Tracking Apparatus는 세상을 구성하는 입자 중 하나인 뉴트리노의 특징을 규명하고자 전 세계 11개국 과학자들이 모인 프로젝트 팀입니다. 이들은 2008년부터 3년간 세른에서 뉴트리노를 쏘아 그란사소에 있는 검출기에서 확인하는 실험을 진행 중이었죠.

이들이 발견한 사실이 세상에 알려지자 과학계는 충격에 빠졌습니다. 이 발표와 관련해 첫 한 달 만에 약 110편의 논문이 발표된 것은 그 단적인 증거죠. 그런데 정작 과학사를 다시 쓸 발견을 한 오페라 과학자들의 표정은 어둡기만 했습니다. 이들 중 상당수는 이렇게 되뇌었죠. '빛보다 빠른 물질이라니. 어디선가 측정 오류가 있었던 게 틀림없어!'

이들은 왜 아인슈타인에 버금가는 명성과 함께 틀림없이 노벨상을 안겨줄 새로운 발견에 환호하기는커녕 자기 손으로 직접 수행한 실험에 불신을 감추지 못했을까요? 이 질문에 제대로 답하려면 꼭 읽어야 할 책이 있습니다. 과학 고전 중에서 늘 일순위로 꼽히는 토머스 쿤Thomas S. Kuhn(1922~1996)의 『과학혁명의 구조*The Structure of Scientific Revolutions*』(1962)입니다.

패러다임을 지킨다

잠시 초등학교 때부터 머릿속에 담아뒀던 과학 활동의 모습을 떠올려보세요. 교과서에도 나오는 그것을 거칠게 묘사하면 다음과 같습니다. 새로운 가설이나 발견이 등장했을 때, 과학자 공동체는 토론, 논쟁, 검증을 통해서 가설을 기각하거나 발견의 오류를 짚습니다. 이런 혹독한 검증 과정을 거치고 나서도 살아남는 것이 비로소 과학의 한 부분으로 받아들여지죠.

이런 묘사대로라면, 과학은 검증 과정에서 살아남은 것들이 조금씩 축적되면서 앞으로 나아갑니다. 그런 점에서 새로운 가설이나 예상치 못한 발견은 과학의 진보에 필수불가결한 요소입니다. 많은 사람이 과학자 공동체가 가진 가장 중요한 미덕 중 하나로 비판에 열린 자세를 꼽는 것도 이 때문입니다.

쿤은 『과학혁명의 구조』에서 이런 통념에 도전합니다. 그는 비판에 '열린' 태도가 아니라 '닫힌' 태도야말로 과학이 발전해온 실제 모습이라고 주장합니다. 좀더 자세히 설명해볼까요? 특정 시기에 과학자들은 자신만의 고유한 전통을 고집합니다. 그리고 온갖 비판에 맞서며 그런 전통을 유지하고 계승하는 과정에서 과학의 발전이 가능한 것이죠.

여기서 특정 시기의 어떤 과학자들이 지키려고 고집하는 전통이 바로 쿤이 말한 '패러다임'입니다. 그는 과학자들이 이렇게 특정한 패러다임을 받아들이고 그 틀 안에서 연구하는 모습을 '정상 과학normal science'이라고 부릅니다. 그리고 이런 정상 과학 안에서 과학자들은 편안해집니다.

과학자들을 비판에 모르쇠로 일관하는 고집불통으로 묘사한 이런 쿤의 견해가 불편하다고요? 그럼 예를 들어보죠. 아인슈타인이 상대성 이론을 내놓기 전까지 대다수 과학자가 세상을 보는 틀(패러다임)은 아이작 뉴턴Isaac Newton(1642~1727)이 완성한 고전역학이었어요. 맞습니다. 중학교 때부터 과학 시간에 배웠던 '관성의 법칙' '가속도의 법칙' '만유인력의 법칙'이 그 구성 요소죠.

뉴턴 이래로 과학자들은 지구와 달, 태양과 지구 같은 천체 운동을 비롯해 세상에 존재하는 모든 물질의 상호작용을 이 고전역학으로 설명할 수 있으리라고 믿었습니다. 이렇게 하나의 전통, 즉 패러다임이 만들어진 것이죠. 그리고 과학자들은 세상이 이런 고전역학대로 움직이는 데에 희열을 느꼈습니다.

윌리엄 허셜William Herschel(1738~1822)도 그런 과학자 가운데 한 사람이었습니다. 그는 원래 독일 하노버 출신의 음악가였는데, 취미로 밤하늘을 관찰하다가 아예 천문학자로 직업을 바꿨습니다(그때는 이런 일이 가능한 '멋진' 시절이었습니다!). 그리고 12.2미터나 되는 망원경으로 밤하늘을 보고 또 봤죠. 이 망원경은 당대 유명 인사 사이에서는 필수 관광 코스 가운데 하나였습니다.

1781년 허셜은 그 망원경으로 지구보다 부피가 63배나 큰 태양계의 일곱번째 행성 천왕성을 발견합니다. 천왕성의 발견은 당대에 정말로 큰 충격이었습니다. 고대부터 눈으로 봐왔던 달, 수성, 금성, 화성, 목성, 토성 외에 또 다른 행성이 태양계에 있다니 얼마나 놀랄 일이었겠어요? 더구나 태양과 천왕성의 거리(29억 킬로미터)는 태양과 토성 거리(14억 킬로미터)의 2배나 됩니다. 태양계의 크기가 상상할 수 없을 정도로 커진 것이죠.

그런데 여기서 문제가 생깁니다. 확인하고 또 확인해도 천왕성의 궤도가 당시 과학자들이 세상을 보는 틀이었던 고전역학을 따르지 않은 거예요. 예상치 못한 발견(천왕성)이 고전역학을 지지하기는커녕 그것이 틀렸을 가능성을 시사한 것이죠. 고전역학이라는 패러다임 안에서 편안했던 당대의 과학자로서는 보통 일이 아니었습니다.

그럼 그때 과학자들은 이 문제를 어떻게 해결했을까요? 우리가 가진 과학 활동의 통념을 염두에 두면, 천왕성의 궤도를 설명하지 못하는 이론(고전역학)에 의문을 제기해야 마땅했습니다. 하지만 대다수 과학자는 전통, 즉 고전역학이라는 패러다임을 지키는 길을 선택했습니다. 그리고 몇몇은 과감한 해법을 내놓았죠. '천왕성 바깥에 또 다른 행성이 있다고 가정하면 어떨까?'

이 해법은 의미심장합니다. 자연의 관찰에 기반을 두고 이론을 만들거나 수정하는 것이 아니라, 이미 존재하는 이론(고전역학)에 따라서 새로운 자연(천왕성 밖의 새로운 행성)을 만들었으니까요. 그리고 이런 시도는 결국 성공했습니다. 독일의 요한 갈레가 1846년 천왕성과 비슷한 크기의 해왕성을 발견한 것이죠.

"상대성 이론의 몰락은 무서운 일이죠"

어떻습니까? 고전역학을 지키려는 고집불통 과학자들의 노력은 결국 과학의 진보(해왕성의 발견)로 이어졌습니다. 그리고 이 과정에서 고전역학이라는 기존 패러다임의 힘은 더욱더 강력해졌죠. 심지어 그 존재를 알지 못했던 새로운 행성(해왕성)의 존재까지 정확히 예측했으니까요.

쿤은 이런 과정을 이렇게 요약합니다. "정상 과학은 패러다임이 미리 만들어놓은 비교적 경직된 상자에 자연을 처넣으려는 노력이다." 그리고 그는 이렇게 과학자들이 특정한 전통, 즉 자신의 패러다임을 온갖 비판으로부터 지키려는 노력이 과학 활동의 진짜 모습이라고 주장합니다.

이제 오페라 과학자들이 빛보다 빠른 물질을 발견하고서도 환호하기는커녕 측정 오류 가능성부터 떠올린 이유를 짐작하겠죠? 이들은 상대성 이론이라는 패러다임 속에서 과학 활동을 하는 과학자로서 그것을 무너뜨릴, 빛보다 빠른 물질을 용납할 수 없었던 거예요(실험에 참여했던 과학자 몇몇은 발표 논문에서 자신의 이름을 빼달라고 요청했습니다!).

실제로 이후 상황은 해왕성 발견 때처럼 전개되었습니다. 빛보다 빠른 물질의 발견은 6개월 만에 해프닝으로 밝혀졌죠. 결국 오페라가 뉴트리노의 속도 측정에 영향을 준 오류를 확인한 것입니다. 시간 정보를 수신하는 장치에 연결한 광섬유의 접촉 불량으로 속도 측정에 오류가 생기면서 뉴트리노가 빛보다 좀 더 빠른 속도로 측정된 거예요.

이렇게 오류를 확인하고 나서야 오페라 과학자, 또 전 세계 과학자는 안도의 한숨을 내쉬었습니다. 그리고 이번 일을 계기로 아인슈타인의 상대성 이론이라는 패러다임은 더욱더 공고해졌죠. 한 과학자는 이렇게 고백합니다. "빛보다 빠른 물질이요? 상대성 이론의 몰락은 정말로 섬뜩한, 무서운 일이죠!"

이런 사정을 염두에 두면 쿤의 『과학혁명의 구조』는 과학에서도 혁명이 가능하다는 사실을 밝힌 책이라기보다는, 과학에서 혁명과 같은 급진적 변화가 얼마나 어려운지를 보여준 책이라고 할 수 있습니다. 사실 혁명과 같은 변화가 그렇게 쉽다면, 굳이 거기다 혁명이라는 이름을 붙일 필요도 없었겠죠.

혁명이냐, 죽음이냐

그렇다면 과학에서 혁명은 어떻게 가능할까요? 쿤에 따르면 두 가지 조건이 필요합니다. 하나는 과학자 공동체가 아무리 노력해도 기존의 패러다임을 지킬 수 없을 정도로 변칙 사례가 많

패러다임을 지키는 사람과 의심하는 사람

여기서 쿤의 경쟁자였던 칼 포퍼Karl Popper(1909~1994)의 견해를 한번 음미해 볼 만합니다. 포퍼는 제1차 세계대전이 끝나고 나서, 오스트리아 빈에서 독일과 오스트리아의 평범한 사람들이 아돌프 히틀러의 나치와 같은 전체주의에 속절없이 휩쓸리는 모습을 지켜보았습니다. 그리고 그 과정에서 자기 생각만 옳다고 믿는 태도야말로 인류의 적이라고 확신했죠.

이런 포퍼로서는 쿤의 주장이 달가울 리 없었습니다. 그는 쿤에 맞서 정상 과학 시기의 패러다임을 의심하지 않는 태도가 '맹신'으로 이어질 가능성을 경고했어요. 그리고 그렇게 맹신에 빠진 과학자는 "세뇌 교육을 받은 불쌍한 사람들"일 뿐이며 그런 태도는 "과학뿐 아니라 문명 자체를 위험에 빠뜨린다"고 말했죠.

포퍼는 끊임없이 회의하며 비판하는 시각이야말로 과학의 본질이자, 인류가 좀 더 나은 세상을 만들기 위해 가져야 할 태도라고 주장했습니다. 쿤의 주장대로 혁명은 어렵지만, 누군가 혁명에 나섰기에 과학도 세상도 바뀔 수 있었죠. 이 글을 읽는 여러분 중에서 상대성 이론을 뿌리째 뒤흔들 또 다른 과학 혁명의 주인공이 나오길 기대합니다!

아야 합니다. 거기다 이런 변칙 사례를 기존의 패러다임보다 훨씬 더 잘 설명할 수 있는 새로운 대안도 존재해야죠.

지구를 중심으로 태양을 비롯한 천체가 돌고 있다는 천동설이 그랬습니다. 근대에 들어서 갈릴레오 갈릴레이Galileo Galilei(1564~1642)를 비롯한 많은 과학자가 천동설로는 설명할 수 없는 새로운 밤하늘의 관측 결과를 내놓았습니다. 그리고 이런 관측 결과를 설명할 수 있는 새로운 대안, 즉 태양을 중심으로 지구가 돈다는 지동설이 있었죠.

하지만 이렇게 혁명의 조건이 무르익어도 그 과정은 순탄치 않아요. 천동설을 신봉하는 과학자들은 자신의 패러다임 안에서도 밤하늘의 움직임을 아무런 모순 없이 설명할 수 있으리라고 믿었습니다. 실제로 그들은 지금 봐도 눈이 휘둥그레질 정도로 복잡한 가정들을 도입함으로써 천동설로 당시의 밤하늘을 완벽하게 그렸고요.

그러니 과학 혁명의 과정은 비판–토론–승복과 같은 이상적인 과정이 아닙니다. 마치 현실의 프랑스 혁명(1789)이나 러시아 혁명(1917)과 같은 정치 혁명이 전쟁을 동반한 피 튀기는 과정이었듯이, 과학 혁명 역시 서로 다른 패러다임을 따르는 과학자 공동체 간의 때로는 죽음도 감수해야 하는 큰 갈등을 거쳐야 합니다.

사람을 죽이는 일이 지금과는 비교할 수 없을 정도로 쉬웠던 유럽의 중세 시대에 어떤 일이 있었나요? 지동설을 믿었던 이탈리아의 철학자 조르다노 브루노는 1600년 '이단'으로 몰려 화형을 당했습니다. 갈릴레이가 교황청의 압박 때문에 지동설에 대해 과학자로서 자신의 신념을 침묵한 것 역시 과학 혁명의 실상을 보여주는 좋은 예입니다.

참, 아인슈타인이 고전역학 패러다임을 무너뜨릴 상대성 이론을 고안해냈을 때 그의 나이가 고작 26세였던 것도 기억합시다. 고전역학에서 상대성 이론으로의 과학 혁명은 고전역학을 고집하던 늙은 과학자들이 죽고(!) 아인슈타인 같은 젊은 과학자로 세대교체가 이뤄질 때야 비로소 가능했습니다.

빛보다 빠른 물질이 실제로 존재한다면

과학 혁명의 실상을 알고 나면, 오페라 과학자들이 빛보다 빠른 물질을 발견했을 때 희열보다 공포를 느꼈던 이유를 더 확실히 알 수 있습니다. 상대성 이론 패러다임의 변칙 사례(빛보다 빠른 물질)를 발견했을 때, 그들은 그것을 제대로 설명할 수 있는 대안도 가지고 있지 않았습니다.

그럼 상대성 이론에 맞서는 대안 패러다임이 있었다면 어땠을까요? 그리고 빛보다 빠른 물질이 측정 오류 없이 실제로 존재한다면? 그때 우리는 과학자 공동체가 혁명에 휩쓸리는 모습을 볼 수 있을까요? 만약 여러분이 바로 그 현장의 과학자라면 어떤 선택을 할 것 같나요? 때로는 죽음까지 각오해야 할 그 혁명에 동참할 자신이 있나요?

더 읽어봅시다!

장하석, 『장하석의 과학, 철학을 만나다』, 지식플러스, 2015.
장하석, 『온도계의 철학』, 오철우 옮김, 동아시아, 2013.
장대익, 『쿤 & 포퍼—과학에는 뭔가 특별한 것이 있다』, 김영사, 2008.

• 청소년들이 꼭 읽어야 할 책 •

과학은 사고뭉치 골렘들

『골렘』
해리 콜린스 · 트레버 핀치

골렘은 유대교 신화에 등장하는 존재로,
진흙으로 빚어 만든 인형을 가리킨다.
하인으로서 주인의 통제를 잘 따르지만 다루기가 어려워
제대로 통제를 못 하면 난폭한 행동을 한다.
『골렘』의 저자들은 과학을 이 골렘에 비유함으로써
우리가 모르는 과학의 이면을 드러내고자 했다.
그들이 주목한 과학의 이면은 무엇이었을까?

중력파 미스터리, 웨버에게 무슨 일이 있었나

노벨상은 전 세계 과학자의 꿈입니다. 그런데 연구 성과만 내면 노벨상을 무조건 받을 것으로 기대되는 노벨상 '0순위' 연구 주제가 몇 가지 있습니다. 예를 들어, 노벨생리의학상의 경우에는 말라리아 백신이 그렇습니다. 2015년 말라리아 치료약 아르테미시닌•을 개발한 중국의 투유유屠呦呦(1930~)가 노벨상을 받은 데서 알 수 있듯이, 말라리아는 매년 수십만 명의 목숨을 앗아가는 심각한 감염병(전염병)입니다.

노벨물리학상의 경우에는 오랫동안 '중력파gravitational wave'가 그랬습니다. 지금으로부터 100여 년 전인 1915년 11월 25일, 알베르트 아인슈타인은 「중력의 장 방정식Die Feldgleichungen der Gravitation」이라는 짧은 논문을 발표했습니다. 이 네 쪽짜리 논문으로 과학사에 길이 남을 일반 상대성 이론이 탄생했습니다. 1905년 6월

• 국화과 풀의 일종인 개똥쑥에서 분리해낸 천연 물질로 만든 말라리아 치료약.

30일 발표된 특수 상대성 이론이 일반 상대성 이론으로 확장된 것이죠.

일반 상대성 이론에 따르면 질량을 가진 물질의 주변은 시공간이 휩니다. 이렇게 시공간이 휠 때 방출되는 파동이 바로 중력파입니다. 마치 수면에 돌을 던지면 파동이 생기는 것처럼, 시공간이 휠 때 나오는 흔들림이 바로 중력파죠. 만약 이 중력파의 관찰에 성공한다면, 그야말로 노벨상은 따놓은 당상이었죠.

과학자들은 약하긴 하지만 태양보다도 질량이 큰 중성자별이나 블랙홀 같은 거대한 물질로부터 나오는 중력파는 관찰할 수 있으리라고 기대했습니다. 아니나 다를까, 정말로 레이저 간섭계 중력파 관측소, '라이고LIGO, Laser Interferometer Gravitational-wave Observatory'에서 2015년 처음으로 중력파를 검출했습니다. 아인슈타인의 일반 상대성 이론이 중력파를 예측한 지 100년 만의 일이었죠. 결국, 라이고 프로젝트를 제안하고 이끌었던 세 명의 물리학자 킵 손Kip Stephen Thorne(1940~), 라이너 와이스Rainer Weiss(1932~), 배리 배리시Barry C. Barish(1936~)가 예상대로 2017년 노벨물리학상을 받았습니다.

물론, 라이고 프로젝트 전에도 수많은 과학자가 중력파를 발견하려고 다양한 시도를 했습니다. 특히 1969년 미국의 물리학자 조지프 웨버Joseph Weber(1919~2000)는 중력파를 발견했다고 발표해서 세상을 깜짝 놀라게 했습니다. 만약 웨버가 중력파를 발견한 사실이 틀림없다면, 그가 노벨물리학상을 받는 건 시간

문제였으니까요.

하지만 지금 웨버는 '과학계의 이단아'로 낙인찍힌 채 잊혔습니다. 그의 중력파 발견 주장도 과학계에서 받아들여지지 않았고요. 도대체 무슨 일이 있었던 걸까요?

실험자의 회귀—검증 종료의 지점을 찾아서

해리 콜린스Harry Collins(1943~)와 트레버 핀치Trevor Pinch(1952~)가 쓴 『골렘*The Golem*』(1993)의 한 장은 바로 이 웨버의 중력파 발견을 둘러싼 과학계의 야단법석을 다루고 있습니다. 콜린스는 웨버뿐만 아니라 중력파를 연구한 수많은 과학자와의 인터뷰를 통해서 실제로 무슨 일이 있었는지를 참여 관찰했습니다(콜린스는 1970년대부터 최근까지 중력파 연구 공동체에 대한 연구를 계속하고 있습니다).

웨버는 진공 상태의 원통 안에 무거운 알루미늄 합금 막대를 넣고 나서, 그 막대에서 일어나는 진동으로 중력파를 탐지했습니다. 그리고 1969년에 전자기파, 지진파, 음파, 금속 막대를 구성하는 원자 운동에 의해서 발생하는 진동 등 여러 가지 '잡음'을 제거하고 나서도 또렷하게 관찰되는 중력파를 확인했다고 발표했죠.

웨버의 발표를 본 뒤 중력파를 연구하는 다른 과학자 그룹 여럿이 제각각 '검증'에 나섰습니다. 이 대목에서 콜린스는 흥미로운 사실을 관찰합니다. 웨버의 실험을 검증하려면 그와 똑같은 장치를 만들어 과연 중력파로 보이는 파장이 검출되는지를 확인하는 일이 필요합니다. 그런데 흥미롭게도 웨버의 실험을 검증한 과학자들은 그렇게 하지 않았습니다!

과학자들은 자기만의 또 다른 장치를 만들었습니다. 당연히 과학자마다 다른 장치는 서로 다른 데이터를 내놓았죠. 웨버의 실험을 검증하겠다고 나선 과학자는 서로서로 비판을 주고받았습니다. 그런데 흥미롭게도 그렇게 다른 장치를 통해서 웨버의 실험을 검증한 과학자들은 1975년경 최종적으로 이렇게 결론을 내렸습니다. '웨버가 틀렸어!'

콜린스는 여기서 이런 질문을 던집니다. '웨버와 똑같은 장치가 아닌 저마다 다른 장치로 실험을 해서 각각의 데이터를 얻었음에도 불구하고, 과학자들이 같은 결론(웨버가 틀렸어!)을 내리게 된 이유는 무엇일까?' 그는 과학자 사이에 중력파의 성격이나 그것을 검출하기 위한 실험 방법에 대한 어떤 '합의'가 있어야 이런 공통의 결론이 가능하다고 지적합니다.

보통 친구들이 실험을 할 때는 그것의 잘잘못을 따지기가 쉽습니다. 교과서에 실험 결과가 친절하게 설명되어 있으니까요. 하지만 중력파를 검출하는 실험은 상황이 다릅니다. 웨버 이전까지는 누구도 중력파를 검출했다고 주장한 적이 없었습니다. 그렇기 때문에 웨버뿐만 아니라 당대의 어떤 과학자도 중력파 검출 실험의 결과가 어때야 하는지 알 수가 없습니다.

이 대목에서 골치 아픈 문제가 생깁니다. 중력파를 검출하려면 웨버처럼 장치를 만들고 실험해야 합니다. 그런데 아무도 중력파를 본 적이 없기 때문에 그 실험의 결과로 검출된 것이 중력파인지 확신하기는 어렵습니다. 다른 과학자가 좀더 성능이 좋다고 믿는 다른 장치를 통해서 또 다른 중력파 검출 실험을 합니다. 그런데 이 역시 맞는 실험 결과인지는 알 수 없습니다.

무엇이 '제대로 된' 혹은 '성공적인' 실험인지에 대한 기준이 없기 때문에, 과학자는 저마다 자신의 장치가 최선이라고 여기면서 실험에 나서죠. 그리고 그 결과, 결론 없이 실험만 꼬리에 꼬리를 물고 순환하는 상황이 발생합니다. 콜린스는 이런 무한 회귀回歸 상황에 '실험자의 회귀experimenter's regress'라는 이름을 붙였죠.

물론 현실에서 이런 무한 회귀 상황은 나타나지 않습니다. 당대의 과학자들이 몇 년간의 검증을 거친 끝에 '웨버가 틀렸어!' 하고 결론을 내렸듯이 어느 지점에서 멈추게 마련이죠. 콜린스는 이렇게 실험자의 회귀가 멈추는 이유를 바로 앞에서 언급한 과학자 공동체의 합의에서 찾습니다.

"그 실험은 쓰레기야!"

이런 주장을 듣고서 고개를 갸우뚱하는 친구들이 있을지 모릅니다. 자연의 숨겨진 원리를 찾는 과학자가 정치인처럼 합의를 하다니! 그런데 『골렘』에 실린 콜린스의 관찰 결과를 살펴보면 고개를 끄덕일 수밖에 없습니다. 그는 중력파 연구를 하는 과학자 여럿에게 웨버의 실험을 검증하는 다양한 과학자 그룹의 실험을 놓고서 논평을 부탁합니다.

그런데 정말로 중구난방입니다. 예를 들어, 어떤 중력파 검출 실험에 대해 다른 실험실의 과학자 세 사람은 이렇게 논평합니다.

> 과학자 1 그는 아주 작은 실험실에서 연구하지만 〔……〕 나는 그의 관측 자료를 본 일이 있어요. 그는 확실히 흥미 있는 자료를 가지고 있더군요.
>
> 과학자 2 나는 사실 그의 실험 능력을 불신해요. 그래서 다른 사람의 실험보다 그의 실험에 더 많은 의문을 가지고 있어요.
>
> 과학자 3 그 실험은 쓰레기에 불과해요.•

똑같은 중력파 검출 실험을 놓고서 한 과학자는 "흥미 있는 자료"라고 논평하는 반면, 다른 과학자는 "쓰레기"라고 반응했죠. 실험 결과 외에도 실험실의 규모("그는 아주 작은 실험실에서 연구하지만") 혹은 평소 그 과학자에게 가지고 있었던 편견("사

• 해리 콜린스·트레버 핀치, 『골렘』, 이충형 옮김, 새물결, 2005, 182쪽.

실 그의 실험 능력을 불신해요")이 판단에 영향을 주는 대목도 흥미롭습니다.

콜린스는 과학자 여럿을 인터뷰하고 나서, 그들이 다른 과학자의 실험을 평가할 때 적용한 몇 가지 기준을 열거했습니다. 우리의 통념을 깨는 몇 가지만 소개하면 이렇습니다.

❶ (과거에 함께 일했던 경험에 근거한) 다른 과학자의 실험 능력이나 정직성에 대한 믿음
❷ 과학자의 인성이나 지적 능력
❸ 과학자가 큰 규모의 실험실을 운영하면서 획득한 명성
❹ 과학자의 소속 기관(기업/대학)
❺ 과학자의 (실패) 경력
❻ 출신 대학의 규모와 명성
❼ 과학계에 존재하는 다양한 인맥에 과학자가 속해 있는 정도
❽ 과학자의 국적 등•

어떻습니까? 콜린스는 '제대로 된' 실험이 무엇인지를 놓고서 또렷한 기준이 마련되지 못한 상태에서 과학자가 다른 과학자의 실험을 평가할 때 이렇게 '주관적이고' '비과학적인' 요소, 즉 '사회적' 요소들이 영향을 준다는 사실을 생생히 보여줍니

• 같은 책, 185쪽.

다. 그리고 과학자 공동체는 이 중구난방의 갈등을 해결하고 마술 같은 합의를 이끌어냅니다.

과학계가 갈등을 해결하는 방식

이런 갈등을 해결하는 데는 리처드 가윈Richard Garwin(1928~)이 중요한 역할을 합니다. 가윈은 1952년 최초의 수소 폭탄을 설계하는 데도 참여했던 물리학계의 유력 인사 가운데 하나였죠. 가윈은 물리학 잡지에 단호한 어조로 웨버의 오류를 주장했을 뿐만 아니라, 심지어 학술회의에서 공개적으로 망신을 주기도 했습니다.

> "웨버는 신뢰할 만한 증거를 전혀 발표하지 못했고, 따라서 중력파를 탐지했다는 그의 주장을 뒷받침할 수 없었습니다."•

물론 이전에도 수년간 웨버의 중력파 검출 실험을 놓고서 대체로 비판적인 의견이 많았죠. 하지만 앞에서 살폈듯이 '제대로 된' 실험에 대한 기준이 없었기 때문에, 웨버를 비판하는 과학자들의 목소리는 조심스러웠습니다. 하지만 가윈의 단호한 비판은 이런 신중한 분위기를 날려버렸습니다. 그 시점부터 웨버

• 같은 책, 195쪽.

는 물리학계의 웃음거리로 전락했습니다.

그리고 그 시점 이후로 '웨버가 맞았다'고 믿거나 혹은 그와 같은 방식으로 중력파 검출이 가능하리라고 믿는 과학자를 찾아보기는 어려워졌습니다. 일단 그렇게 과학자 사이의 합의가 마련되자, 중력파 검출 실험은 웨버가 제안했던 것과는 전혀 다른 방식으로 변하게 되었습니다.

물론 웨버는 1975년 이후에도 자신의 주장을 꺾지 않았습니다. 그는 계속 자기만의 방식으로 중력파 검출 실험을 계속했고, 1980년대 이후에도 여러 논문을 발표했습니다. 하지만 그의 논문은 과학자 공동체로부터 거의 주목을 받지 못했습니다. 그는 그렇게 잊혔고, 결국 2000년에 세상을 떴습니다.

폭주하는 골렘이 되지 않도록

콜린스와 핀치는 중력파 외에도 알베르트 아인슈타인의 상대성 이론 검증, 루이 파스퇴르Louis Pasteur(1822~1895)의 자연발생설 기각 등 과학사의 유명한 사례에서부터 상온 핵융합 연구를 둘러싼 사례처럼 일반인에게 알려지지 않은 이야기까지, 과학 연구 결과의 수용과 검증을 둘러싸고 논란이 벌어졌던 다양한 이야기를 들려줍니다.

저자들은 이런 여러 사례를 통해서 과학이 '골렘'이라고 주장합니다. 골렘은 유대교 신화에 나오는, 사람의 형상을 가진 진흙

인형입니다. 평소에는 로봇처럼 사람의 명령에 따라 움직이며 주인이 할 일도 대신하고, 때로는 적으로부터 생명도 지켜줍니다. 하지만 적절하게 통제하지 않으면 흉악해져서 오히려 주인(사람)의 목숨을 빼앗는 괴물이 될 수도 있습니다.

특히 어떤 유대교 신화 속에 나타난 골렘은 자기가 얼마나 힘이 센지도 모르는 바보입니다. 주인이 적절히 관리를 해주면 아주 유용하지만, 관심을 끊으면 자기가 무슨 일을 하는지도 모른 채 끔찍한 위험을 초래합니다. 더 중요한 사실은 바로 그 골렘을 만든 게 바로 인간이라는 것입니다.

오늘날 사람들은 과학을 마치 신과 같은 완전무결한 존재로 보는 경향이 있습니다. 하지만 중력파 연구에서 확인할 수 있듯이, 과학은 수많은 논쟁을 통해 만들어집니다. 그리고 그 논쟁 과정에서 흔히 우리가 '과학적'이라고 여기는 것과는 어울리지 않는 여러 가지 사회적 요소가 상당히 많이 개입합니다. 심지어 그 결론을 이끄는 과정 역시 거칠고요.

이 책은 이런 정돈되지 않은 과학의 민낯을 중력파와 같은 여러 가지 이야기를 통해 보여줍니다. 그리고 나서 이렇게 묻습니다. '이래도 과학을 맹신하시겠습니까?' 이런 질문도 나옵니다. '이래도 과학에 관심을 끊으시겠습니까?' 과학을 맹신하지 않고 또 적절히 관심을 두면서 감시하는 것이야말로 과학이 폭주하는 골렘이 되지 않도록 막는 길입니다.

과학 고전
엮어 읽기

콜린스와 핀치의 '골렘 3부작'

해리 콜린스와 트레버 핀치는 『골렘』을 출간한 후 1998년에는 『풀려난 골렘*The Golem at Large*』을 펴냈습니다. 과학에 초점을 맞췄던 『골렘』에 이어서 『풀려난 골렘』은 실험실에서 벗어난 과학기술이 인간의 통제를 받지 않으면 어떻게 사고뭉치 골렘이 될 수 있는지를 묻습니다. 한편 2005년에 펴낸 『닥터 골렘*Dr. Golem*』은 현대 의학에 메스를 댄 책이죠. 『골렘』과 『풀려난 골렘』 『닥터 골렘』을 읽으면 오늘날 우리가 맹신하는 과학기술과 의학이 얼마나 골렘 같은 불완전한 존재인지, 또 그것을 통제하려면 어떤 자세가 필요한지 여러 가지 이야기를 통해 생각해볼 수 있습니다.

더 읽어봅시다!

이상욱·홍성욱·장대익·이중원, 『과학으로 생각한다』, 동아시아, 2007.
강양구, 『세 바퀴로 가는 과학 자전거』, 뿌리와이파리, 2006.
해리 콜린스, 『중력의 키스』, 전대호 옮김, 글항아리사이언스, 2020.
오정근, 『중력파, 아인슈타인의 마지막 선물』, 동아시아, 2016.

• 청소년들이 꼭 읽어야 할지 의문이 드는 책 •

이런 과학자와는 절대로 어울리지 마라!

『이중나선』
제임스 왓슨

제임스 왓슨의 『이중나선』은 연구 과정에서 벌어지는
동료 과학자들 간의 경쟁과 갈등, 속임수, 실패와 좌절 등
우리가 몰랐던 과학 연구의 뒷이야기를 담은 회고록이다.
흔히 저명한 과학자들은 여러 면에서 존경받을 만할 인물이라고
생각하지만 이 책을 읽다 보면 꼭 그렇지만도 않은 듯하다.
『이중나선』을 읽으며 과학자가 추구해야 할
올바른 삶의 자세가 무엇인지 생각해보자.

노벨상 메달을 경매에 내놓은 과학자

2014년 12월 4일, 세계적인 경매 회사 크리스티가 뉴욕 록펠러센터에서 진행한 한 경매가 화제가 되었습니다. 한 과학자가 자신이 1962년에 받았던 노벨상 메달을 경매에 내놓았기 때문이죠. 이 노벨상 메달은 경매가 시작되자마자 몇 분 만에 무려 475만 7,000달러(약 53억 원)에 팔렸습니다.

이 경매는 여러모로 화제가 될 만했습니다. 가끔 가족이 고인의 노벨상 메달을 경매에 내놓은 적은 있지만, 살아 있는 과학자가 직접 자신의 노벨상 메달을 시장에 내놓은 건 처음 있는 일이었습니다. 더구나 그 과학자의 이름을 듣고서 세상은 한 번 더 놀랐죠. 생명의 비밀을 전달하는 DNA의 구조를 밝혔던 바로 그 제임스 왓슨James Dewey Watson(1928~)이었으니까요.

전 세계 과학 교과서에 이름이 실린 가장 유명한 과학자 가운데 한 사람이 자신의 노벨상 메달을 경매에 내놓다니! 아니나 다를까, 경매가 끝난 지 며칠 뒤 또 다른 소식이 들려왔습니다.

이 경매에서 노벨상 메달을 낙찰받은 러시아의 부호 알리셰르 우스마노프가 그것을 다시 왓슨에게 돌려주기로 한 것이죠. 아무런 조건 없이요.

우스마노프는 노벨상 메달을 돌려주면서 "인류 역사상 가장 위대한 생물학자가 자신의 업적을 인정하는 메달을 팔아야 하는 상황을 받아들이기 어렵다"며, "DNA의 구조를 밝혀낸 공로로 받은 상은 마땅히 그의 소유가 되어야 한다"고 밝혔습니다. 왓슨 입장에서는 노벨상 메달도 지키고, 덤으로 엄청난 돈까지 벌었으니 한몫 단단히 잡은 셈이죠.

그런데 여기서 한 가지 의문이 생깁니다. 우스마노프의 말대로 도대체 왓슨은 왜 자신의 노벨상 메달을 팔아야 하는 상황에 처했을까요? 이 사정을 제대로 알려면 꼭 읽어야 할 책이 있습니다. 왓슨을 전 세계에서 가장 유명한 과학자로 만드는 데 큰 공을 세운 책, 『이중나선』입니다.

성공을 위해선 영혼도 판다

1953년 4월 25일 영국의 과학 잡지 『네이처』에 고작 900단어로 쓰인 한 쪽짜리 논문 「핵산의 분자 구조A Structure for Deoxyribose Nucleic Acid」가 실렸습니다. 당시 각각 25세, 37세였던 제임스 왓슨과 프랜시스 크릭Francis Harry Compton Crick(1916~2004)이, 대를 이어 생명의 비밀을 전달하는 유전 정보가 이중나선 구조로 꼬여 있는 DNA 안에 새겨져 있음을 세상에 공표한 것이죠.

왓슨과 크릭은 이 논문에 실린 업적을 인정받아 1962년 노벨 생리의학상을 수상합니다. 그러나 그들에게 노벨상을 안겼던 이 논문을 다시 읽는 이들은 거의 없습니다. 일반인은 물론이고 과학자도 사정이 다르지 않아요. 대신 많은 이는 1968년 왓슨이 혼자서 DNA의 이중나선 구조를 밝히기까지의 뒷얘기를 담은 『이중나선』에 눈길을 보냅니다.

사실 『이중나선』은 학교를 오가는 버스나 지하철 안에서(혹은 변비 걸리기 딱 좋은 나쁜 습관을 가진 친구라면 화장실에서도) 읽을 수 있는 쉬운 책입니다. 우리가 과학책 하면 떠올리는 복잡한 수식은 찾아볼 수 없고, 굳이 전문 용어를 알지 못해도 내용을 따라가는 데는 전혀 문제 될 게 없습니다.

하지만 이 책은 어떤 과학 고전보다도 중요합니다. 왜냐하면 이 책이 과학 '지식'이 아니라, 바로 그 과학 지식을 만드는 '사람'에 초점을 맞추고 있기 때문이죠. 왓슨은 생명의 유전 정보가 어떻게 세대를 이어가며 전달되는지를 밝히는 과정에서 자신을 포함한 과학자들이 어떻게 경쟁했는지 시시콜콜한 내용까지 생생히 전달합니다.

20대의 열정 빼놓고는 아무것도 없었던 초짜 과학자 왓슨은 '게임'의 규칙을 이렇게 파악하고 있었어요. 이 게임에서 자신이 이기면 단숨에 최고의 과학자가 되겠지만, 진다면 그저 그런 과학자로 살다가 잊힐 것이라고요. 그래서 그는 자신보다 열두

살이 많지만 역시 별 볼 일 없었던 크릭과 함께 승리를 위해서 온몸을 던집니다.

이런 식입니다. 왓슨은 자신의 경쟁자였던 모리스 윌킨스 Maurice Wilkins(1916~2004)가 누이동생 엘리자베스 왓슨과 점심을 같이 먹는 모습을 보면서 이런 생각을 하죠. '두 사람이 사귀면 윌킨스와 더불어 DNA에 관한 X선 연구를 할 수 있는 기회가 자연스럽게 만들어지지 않을까?' 자기 여동생까지도 게임의 승리를 위한 수단으로 동원하려 했던 거죠.

심지어 왓슨은 승리를 위해서 부정행위도 서슴지 않았어요. 그는 또 다른 경쟁자였던 여성 과학자 로절린드 프랭클린 Rosalind E. Franklin(1920~1958)이 찍은 X선 회절 사진을 훔쳐보고서야 DNA의 이중나선 구조를 확신할 수 있었습니다. 하지만 그는 『네이처』 논문은 물론이고 이 책에서도 프랭클린의 공을 인정하는 데 인색했죠.

게다가 이 책에서 그는 프랭클린을 사소한 일에도 버럭 화를 내는 "깐깐하고 욕심 많은" 성격이 괴팍한 사람으로 묘사합니다. 그의 평가대로라면 프랭클린은 창의력이라곤 찾아볼 수 없는 과학자처럼 보입니다. 심지어 "여성스러움과 거리가 먼 여자"라면서 "안경을 벗고 머리를 조금만 우아하게 손질하면 나을 텐데" 하고 비아냥거리기까지 하죠.

왓슨은 1968년 『이중나선』이 나오고 나서 DNA 이중나선 구조에 대한 프랭클린의 기여를 둘러싸고 논란이 확산되자,

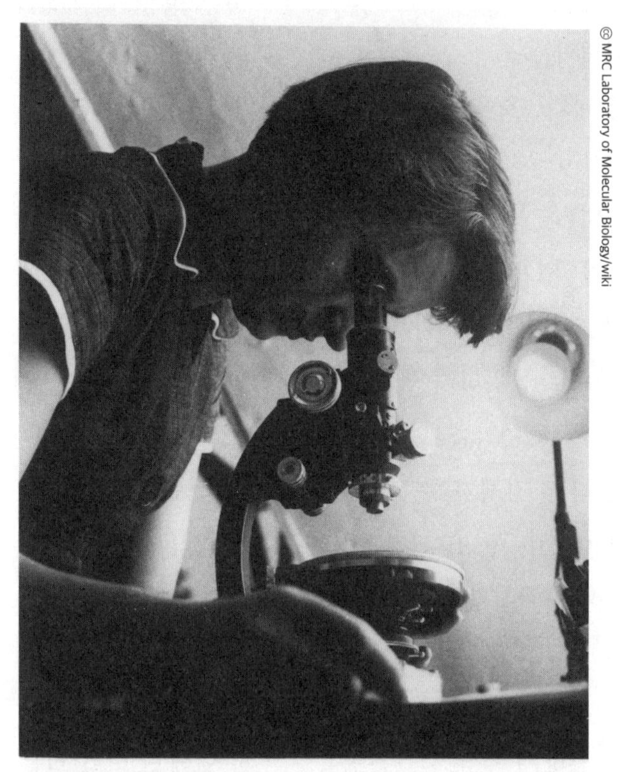

ⓒ MRC Laboratory of Molecular Biology/wiki

▲ 로절린드 프랭클린. 그는 DNA 구조 외에 바이러스의 구조를 밝히는 데도 기여한 20세기의 중요한 과학자다.

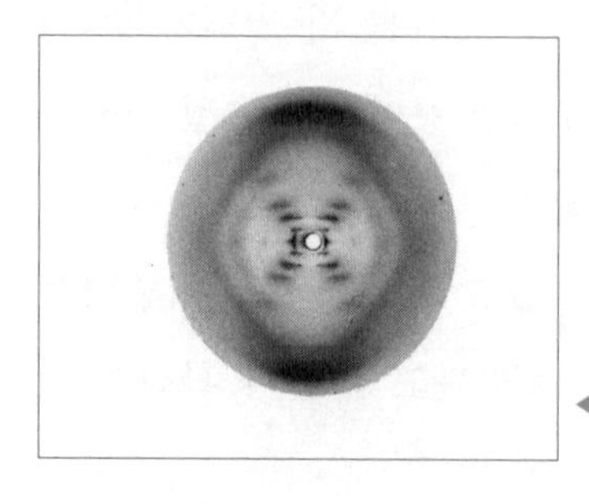

◀ 로절린드 프랭클린이 촬영한 X선 회절 사진 '사진 51.' 이 사진을 본 후 왓슨은 DNA의 이중나선 구조를 확신했다.

1980년 개정판에 프랭클린의 연구 업적을 높이 평가하는 후기를 마지못해 덧붙였습니다. 하지만 진짜 속내는 여전히 이럴지도 모릅니다. '못된 프랭클린은 DNA 사진을 찍고서도 그 구조를 제대로 해석하지 못했다고! 다 내가 한 거야!'

노벨상 수상자, 혹은 형편없는 인격의 소유자

이런 왓슨의 모습을 보면서 여러분은 뒤통수를 한 대 맞은 기분이 들 거예요. 그동안 많은 사람은 과학계가 특별한 영역이라고 생각해왔습니다. 진리를 추구하는 과학자 공동체가 보통 사람보다 똑똑하고, 세상사에 초연할 뿐 아니라, 돈과 같은 온갖 이해관계로부터 다른 집단보다 상대적으로 자유로울 것이라고 상상했죠.

과학자 자신도 앞장서 이렇게 과학자 공동체의 이미지를 포장해왔습니다. 그래서 로버트 머튼 같은 사회학자는 이런 통념을 좀더 공식화해서 과학자 공동체가 다른 집단과는 다른(불편부당하고 끊임없이 회의하며 공공의 이익을 생각하는) 독특한 규범에 의해 운영된다고 주장하기까지 했습니다.

실제로 우리는 일상생활에서 "저 사람은 과학적이야!" 하고 대수롭지 않게 말하곤 합니다. 어떤 사람이 마땅히 가야 할 바른길을 제시할 때, 즉 이치나 논리에 맞는 행동을 할 때 쓰는 '합리적'이라는 말을 '과학적'으로 바꿔서 사용하는 거죠. 더 나아가 과학자가 자신의 학문 분야뿐만 아니라 모든 세상사를 놓고서 올바른 입장을 가지고 있으리라고 기대합니다.

하지만 『이중나선』은 과학자도 희로애락에 웃고 울고, 화를 내고, 질투하는 보통 사람에 불과하다는 세상의 진실을 알려줍니다. 당연하죠. 우리가 뭔가 특별한 일이라고 간주했던 과학 역시 결국은 사람이 하는 일일 뿐이니까요. 이렇게 『이중나선』은 (왓슨의 의도와는 다르게) 과학자 혹은 과학에 드리운 환상을 깹니다.

과학자의 민낯은 보통 사람과 다르지 않아요. 왓슨을 보세요. 그는 성취에 집착하는 출세주의자였습니다. 당대로서는 드물었던 여성 과학자 프랭클린을 대하는 태도에서 확인할 수 있듯이, 또래의 일부 남성처럼 지독한 여성 차별주의자였죠. 책의 서두에서 대뜸 동료 크릭을 놓고서 "겸손하지 않았다"고 회고하지만, 자신 역시 그렇게 겸손한 사람은 아니었습니다.

심지어 책 밖의 삶까지 염두에 두면 왓슨은 보통 사람의 기준으로 봐서도 형편없는 인격의 소유자입니다. 그는 20대 후반인 1956년에 하버드 대학교 교수가 되고 나서부터 평생 동안 분자생물학의 혁신을 진두지휘했습니다. 암과의 전쟁, 인간 게놈 프로젝트Human Genome Project 같은 굵직굵직한 연구의 한 중심에 서 있었죠. 하지만 그를 둘러싼 구설이 끊이지 않았습니다.

왓슨은 "산모 뜻에 따라 동성애 성향의 태아를 낙태할 수 있다."(1997년 2월) "당신이 뚱뚱한 사람을 면접할 때 유쾌할 리

없다. 그를 고용하지 않을 것이니까."(2000년 10월) "멜라닌 색소가 많을수록, 즉 피부가 검을수록 성욕이 강하다."(2000년 11월) "정말 멍청한 하위 10퍼센트의 사람은 치료를 받아야 한다"(2003년 2월) 등의 어처구니없는 발언으로 논란의 중심에 섰죠.

2007년 10월의 발언은 결정타였습니다. 왓슨은 "흑인이 백인과 동일한 지적 능력을 갖췄다는 전제하에 이뤄지는 서구의 아프리카 정책" 탓에 "아프리카의 앞날은 회의적"이라며 "모든 사람이 평등하길 원하지만, 흑인 직원을 다뤄본 사람은 그게 진실이 아니란 걸 안다"라고 말했죠. "인종 간 지능의 우열 유전자가 앞으로 10년 안에 발견될 수 있을 것"이라고도 덧붙였고요.

여러 인종이 함께 사는 미국 같은 나라에서 이런 왓슨의 인종차별 발언은 도저히 용납될 수 없었어요. 결국 그는 모든 공직에서 물러나는 강제 은퇴를 해야 했죠. 그가 7년 만에 노벨상 메달을 경매에 내놓으며 대중 앞에 나선 것은 이런 사정 때문이었습니다. 평생 대중의 관심을 받고 살았던 그로서는 자신이 잊히는 걸 도저히 용납할 수 없었을 테니까요.

(왓슨은 노벨상 메달을 경매에 내놓은 이유로 '생활고'를 언급했습니다만, 아무래도 엄살 같습니다. 왜냐하면 그는 세계 각국에서 입금되는 『이중나선』의 인세만으로도 보통 사람보다 훨씬 많은 수입을 올리고 있을 테니까요. 물론 강제 은퇴 이후로 회당 수천만 원을 받는 강연 등의 수입이 줄긴 했겠죠.)

과학을 빼놓을 때 그에게 남는 것

그래도 왓슨이 '뛰어난' 과학자인 건 사실이라고요? 물론이죠. 그는 자신의 능력, 그러니까 할 수 있는 것과 없는 것을 정확히 알았어요("나는 화학은 전혀 몰랐다"). 자신의 부족한 면을 채워줄 사람이라면 설사 경쟁자(윌킨스)일지라도 손을 내미는 데 주저함이 없었죠. 부정행위를 해서라도 원하는 것(프랭클린의 사진)을 얻는 집요함도 있었습니다. 결정적으로 운도 좋았고요.

어떻습니까? 이렇게 왓슨이 과학자로서 성공하게 된 이유를 열거하고 나니 뭔가 찝찝하지 않나요? 정치인, 기업가, 예술가, 연예인 가운데서도 왓슨과 비슷한 방법으로 성공한 사람을 쉽게 찾을 수 있죠. 그리고 단지 성공했다는 이유만으로 이런 사람이 존경을 받는 경우는 거의 없습니다. 왓슨은 단지 성공한 '과학자'라는 이유만으로 지금까지 과도한 존경을 받아온 것이죠.

이쯤 해서 우리는 『이중나선』이 다른 과학책과 달리 반세기 넘게 대중의 사랑을 받아온 불편한 진실도 한번 따져볼 필요가 있습니다. 만약 『이중나선』이 성공담이 아니라 실패담이었더라도 사람들의 관심을 끌었을까요? 왓슨만큼(혹은 그 이상의) 뛰어난 과학자였던 프랭클린이 자신의 경험을 책으로 펴냈더라도 사람들이 열광했을까요?

가끔 『이중나선』을 읽고서 과학자의 꿈을 키웠다는 친구들의 독후감을 인터넷에서 읽곤 합니다. 하지만 왓슨처럼 '성공한' 과학자가 되는 것이 과연 최선일까요? 여기서 20세기 최고의 과학자로 꼽히는 알베르트 아인슈타인의 말을 음미해볼 필요가 있습니다. 아인슈타인은 이렇게 말하곤 했죠.

> 한 과학자가 얼마나 위대한지는 과학을 빼놓았을 때 그에게 남아 있는 것에 달려 있다.

왓슨이 인종 차별 발언으로 강제 은퇴하기 전에 펴낸 또 다른 자서전의 제목은 이렇습니다. '지루한 사람과 어울리지 마라!' 저는 생각이 다릅니다. 비록 지루하더라도 이웃을, 더 나아가 인류를 배려하는 사람이야말로 진짜 멋진 사람이 아닐까요? 친구들이 『이중나선』을 뛰어넘는 회고록을 쓰는 위대한 과학자가 되기를 응원합니다.

우리가 기억해야 할 과학자, 로절린드 프랭클린

1962년 노벨생리의학상은 왓슨과 크릭, 그리고 윌킨스에게 돌아갔습니다. 그 세 사람만큼이나 DNA 이중나선 구조를 밝히는 데 중요한 역할을 했던 로절린드 프랭클린은 빠졌죠. 그가 1958년 38세의 나이로 난소암에 걸려서 세상을 떴기 때문입니다. 살아 있는 과학자에게만 수여하는 노벨상은 그의 몫이 아니었습니다.

어떤 이들은 프랭클린이 살아 있었더라도 노벨상을 받지 못했으리라고 확신합니다. 여성을 지독히 차별하는 당시의 과학계 분위기에서 프랭클린의 업적이 제대로 평가받기 힘들었으리라는 겁니다. 프랭클린의 연구 성과를 훔쳐놓고도 감사하기는커녕 그를 조롱하는 『이중나선』 왓슨의 모습이 그 단적인 증거죠.

사실 『이중나선』에서 묘사한 프랭클린의 모습은 당대 여성 과학자의 삶이 얼마나 힘들었는지를 보여줍니다. 왓슨은 프랭클린을 '다크 레이디dark lady' 등으로 부르며 쌀쌀맞은 고집불통으로 묘사합니다. 하지만 툭하면 여자를 무시하는 남자들 틈에서 자신만의 연구 성과를 내려고 고군분투하던 프랭클린 입장에서는 이런 태도야말로 자신을 지키는 방어막이었습니다.

프랭클린은 DNA 구조 외에 바이러스의 구조를 규명하는 데도 중요한 성과를 남겼습니다. 그리고 그와 연구를 함께했던 에런 클루그Aaron Klug(1926~2018)는 1982년 노벨화학상을 받았죠. 아마도 프랭클린이 살아 있었다면 그는 1962년에 이어서 1982년에 또 한 번 노벨상 수상 후보로 꼽혔겠죠. 우리는 뛰어난 과학자 한 명을 너무 일찍 보내버린 셈입니다.

프랭클린은 왓슨처럼 회고록을 남기지 못했습니다. 하지만 전기 작가 브렌다 매독스가 『로잘린드 프랭클린과 DNA』를 통해서 그의 치열한 삶을 기록으로 남겼죠. 『이중나선』을 읽고서 프랭클린에게 살짝 미안해졌다면, 그의 삶을 들여다봅시다. 그는 왓슨만큼이나 우리가 꼭 기억해야 할 과학자입니다.

더 읽어봅시다!

브렌다 매독스, 『로잘린드 프랭클린과 DNA』, 나도선·진우기 옮김, 양문, 2004.
조진호, 『게놈 익스프레스』, 위즈덤하우스, 2016.
싯다르타 무케르지, 『유전자의 내밀한 역사』, 이한음 옮김, 까치, 2017.

• 청소년들이 꼭 읽어야 할 책 •

공포의 탄생

『원자 폭탄 만들기』
리처드 로즈

인류가 만든 가장 파괴적인 무기 핵폭탄은 어떻게 탄생하게 되었을까?
『원자 폭탄 만들기』는 20세기 초 맨해튼 프로젝트를 통해 핵폭탄이 개발되고
그것이 일본에 투하된 과정을 이야기 형식으로 풀어낸 논픽션이다.
이 책을 함께 따라가며 핵폭탄 개발이 인류에 가져온 비극과 그 영향을 생각해보자.

"우리는 모두 개자식이다"

1945년 7월 16일 오전 5시 29분, 미국 뉴멕시코 주의 사막 한가운데에서 번쩍하는 섬광과 함께 버섯구름이 12킬로미터 높이까지 치솟았습니다. 16킬로미터 떨어진 곳에서 이 실험을 지켜보던 과학자의 얼굴에도 후끈한 열기가 미쳤습니다. 심지어 섬광은 400킬로미터 떨어진 곳에서도 목격되었죠. 충격파는 반경 160킬로미터까지 영향을 주었습니다.

인류가 만든 최초의 핵폭탄이 세상에 모습을 드러낸 순간이었습니다. 그런데 이날 실험의 성공을 모두가 반겼던 것은 아닙니다. "이제 우리는 모두 개자식입니다!" 이날 실험의 감독이었던 물리학자 케네스 베인브리지Kenneth Bainbridge(1904~1996)는 다른 동료 과학자에게 이렇게 내뱉었습니다. 그는 이 실험이 성공하기 전부터 어딘가 크게 잘못되었다는 사실을 알았던 것이죠.

알다시피, 이 핵폭탄은 곧바로 실전에 사용되었어요. 3주 뒤인 8월 6일 일본 히로시마 상공에서 핵폭탄 '리틀 보이Little Boy'가

터졌습니다. 3일 뒤인 8월 9일에는 나가사키 상공에서 두번째 핵폭탄 '팻 맨Fat Man'이 터졌고요. 1945년 말까지 이 두 도시에서만 약 20만 명이 사망했습니다(그 가운데 상당수는 히로시마와 나가사키에 강제로 끌려간 조선인이었죠).

히로시마와 나가사키에 떨어진 핵폭탄의 방사능은 그 뒤로도 오랫동안 많은 사람을 괴롭히며 목숨을 앗아갔습니다. 그중 상당수는 핵폭탄이 터질 당시에는 태어나지 않았던 2세, 3세였죠. 일부는 핵폭탄이 터진 지 70여 년이 지난 지금까지도 고통을 겪고 있고요. 베인브리지가 고백한 대로, 도대체 어디서부터 잘못된 것일까요?

핵폭탄은 대체 어떻게 인류 앞에 모습을 드러내게 된 걸까요? 그 사정을 알려면 리처드 로즈Richard Rhodes(1937~)가 쓴 『원자 폭탄 만들기*The Making of the Atomic Bomb*』(1987)를 읽어야 합니다.

▲ 인류 최초의 핵 실험 '트리니티 실험.' 1945년 7월 16일 미국 뉴멕시코 주에서 실시되었다.

$E=mc^2$에 숨겨진 비밀

알베르트 아인슈타인의 유명한 공식 $E=mc^2$을 아시죠? 풀어서 읽어보면, 에너지(E)는 물질의 질량(m)에다 빛의 속도(c)를 제곱한 양이라는 얘기입니다. 애초 아인슈타인이 1905년 발견한 특수 상대성 이론의 구성 요소 가운데 하나인 이 방정식은 에너지와 물질의 질량이 특정한 상수(빛의 속도)를 매개로 서로 변환 가능하다는 자연의 비밀을 의미하죠.

1초에 지구를 일곱 바퀴 반이나 돌 수 있는 빛의 속도를 제곱하면 엄청나게 큰 상수가 나옵니다. 그러니까, 공식대로라면 아주 작은 질량을 가진 물질도 빛의 속도를 제곱한 상수를 곱한 만큼 엄청난 양의 에너지를 방출할 수 있다는 얘기입니다. 핵폭탄은 바로 이 간단한 공식으로부터 시작되었습니다.

『원자 폭탄 만들기』는 1938년 크리스마스 직전의 독일 베를린에 주목합니다. 화학자 오토 한Otto Hahn(1879~1968)과 프리츠 슈트라스만Fritz Strassmann(1902~1980)은 당시만 하더라도 가장 무거운 원소로 알려져 있던 원자 번호 92인 우라늄에 중성자를 쏘는 실험을 하고 있었습니다. 그런데 그렇게 우라늄에 중성자를 쏘자 뜬금없이 원자 번호 56인 바륨이 나타났습니다.

실험 결과만 놓고 보면, 원자 번호 92인 우라늄이 거의 반으로 쪼개져 원자 번호 56인 바륨이 나타난 것이었죠. 원자가 반으로 쪼개지는 현상이 무엇을 의미하는지 알 수 없었던 오토 한은 친구이자 동료였던 물리학자 리제 마이트너Lise Meitner(1878~1968)에게 이 실험 결과를 알렸습니다(12월 19일). 유대인이었던 마이트너는 나치의 박해를 피해서, 베를린을 떠나 스웨덴으로 망명한 상태였죠.

물리학자 마이트너는 역시 물리학자였던 조카 오토 프리슈Otto Frisch(1904~1979)와 함께 크리스마스 내내 의논을 거듭했습니다. 원자 번호 92는 우라늄의 원자핵에 92개의 양성자가 뭉쳐 있음을 의미해요. 서로 밀어내는 성질을 가진 양(+)의 전기를 띠는 양성자가 92개나 뭉쳐 있으니 불안정할 수밖에 없었죠. 만약 이 불안정한 상태에 외부 충격을 가하면 어떻게 될까요?

마이트너는 외부에서 들어온 중성자가 우라늄 원자핵을 때려서 바로 이 양성자가 뭉쳐 있는 상태에 충격을 주었으리라고 생각했습니다. 이 충격으로 양성자 덩어리가 둘로 쪼개지면서 양성자 56개가 뭉쳐 있는 원자 번호 56인 바륨과 양성자 36개가 뭉쳐 있는 원자 번호 36인 크립톤이 나왔던 것이죠(56+36=92).

프리슈는 생물학의 '세포분열'에서 이름을 따와서 이런 반응을 '핵분열'이라고 불렀습니다. 여기서 특히 주목해야 할 것은 우라늄이 바륨과 크립톤으로 나뉘면서 질량 일부를 잃는다는 점입니다(질량 결손). 이렇게 사라지는 물질의 질량은 어디로 갈까요? 맞습니다. $E=mc^2$의 공식을 따라서 엄청난 양의 에너지로 방출됩니다.

만약 그 에너지를 무기로 쓸 수 있다면 어떻게 될까요? 드디

'원자 번호'와 '질량수' 기억합시다!

세상을 구성하는 가장 기본 요소인 원자는 양(+)의 전기를 띠는 원자핵과 음(-)의 전기를 띠는 전자로 구성되어 있습니다. 20세기 초반 과학자들은 원자핵이 (+)의 전기를 띠는 양성자와 전기적으로 중성인 중성자로 구성된 사실까지 알았습니다. 우리가 아는 원자 번호는 양성자의 숫자에서 따온 것입니다. 원자 번호 92인 우라늄의 원자핵에는 양성자 92개가 뭉쳐 있죠.
그런데 똑같은 원자 번호 92인 우라늄도 중성자 숫자는 제각각입니다. 자연 상태에서 우라늄은 크게 중성자 숫자가 146개(99.2742퍼센트), 143개(0.7204퍼센트), 142개(0.0054퍼센트)로 나뉩니다. 양성자 숫자와 중성자 숫자를 합쳐서 '질량수'라고 부르죠. 즉 천연 우라늄은 질량수가 238(92+146), 235(92+143), 234(92+142) 세 종류가 있습니다.

어, 핵폭탄의 씨앗이 세상에 등장했습니다.

핵폭탄의 씨앗을 뿌리다

핵분열을 둘러싼 소문은 순식간에 세계 곳곳으로 퍼졌습니다. 한, 슈트라스만, 마이트너, 프리슈는 독일과 영국의 과학 잡지에 논문을 실었습니다. 덴마크 코펜하겐에서 프리슈와 공동으로 연구하던 닐스 보어Niels Bohr(1885~1962)는 미국에 뉴스를 전해주었죠. 프랑스의 한 물리학자는 소련의 동료 물리학자에게 편지를 써서 알려주었습니다.

심지어 엔지니어였던 일본의 한 군사 장교조차도 핵분열을 발견한 논문을 읽고서 그 군사적 의미를 곧바로 알아차렸습니다. 당시만 하더라도 그 규모가 작았던 전 세계 물리학 공동체는 순식간에 인류가 물질 속에 들어 있는 엄청난 양의 에너지를 활용할 가능성을 열어젖힌 사실에 흥분했습니다.

하지만 그 시점은 흥분만 해서는 안 되는 때였습니다. 물론 1938년 말과 1939년 초에는 아직 유럽에서 총성은 울리지 않았습니다. 하지만 유럽을 비롯한 세계는 이미 전쟁을 향해 한 걸음 한 걸음 다가가고 있었습니다. 아돌프 히틀러의 나치가 다스리던 독일은 사실상 전쟁을 시작한 것이나 다름없었죠.

1938년 3월 12일, 독일은 총 한 번 쏘지 않고서 오스트리아를 합병했습니다(당시 독일과의 합병을 반대하던 오스트리아 군인과 그 가족의 얘기를 그린 영화가 바로 유명한 「사운드 오브 뮤직」입니다. 영화 속 군인과 가족은 독일군에 협조하기를 거부하며 알프스 산맥을 넘어 스위스로 망명길을 떠나죠).

독일은 이어서 동유럽의 문턱에 있는 체코슬로바키아로 눈길을 돌립니다. 1938년 9월 30일, 영국, 프랑스, 독일, 이탈리아 등이 참여한 '뮌헨 협정'에서 독일은 총 한 방 쏘지 않고 체코슬로바키아의 지역 일부(수데테란트)를 차지합니다. 영국·프랑스가 체코슬로바키아를 버리며 전쟁을 막았던 것이죠.

체코슬로바키아를 희생양으로 만들며 유지한 평화는 채 1년도 지나지 않아서 깨졌습니다. 독일은 1939년 8월 31일 폴란드에 선전 포고하고, 9월 1일 폴란드를 전격적으로 침공합니다.

제2차 세계대전이 시작되었습니다. 이렇게 핵분열이 발견된 1938년과 1939년 사이에 세계, 특히 유럽은 이미 전쟁의 소용돌이 속으로 들어가고 있었습니다.

그런 시점에 소수의 과학자는 핵폭탄의 씨앗이 되는 핵분열을 발견한 사실을 여기저기서 떠벌리고 다녔던 것입니다. 바로 여기서부터 역사는 꼬이기 시작했습니다.

히틀러의 핵폭탄 개발을 막아라!

전쟁이 터지자, 그제야 과학자 몇몇은 자신이 끔찍한 사고를 친 사실을 알았습니다. 특히 가장 큰 걱정거리는 핵분열을 발견한 나치 독일의 심장 베를린이었습니다. 만약 핵분열 반응을 이용한 폭탄, 즉 핵폭탄을 독일이 개발한다면 제2차 세계대전의 승자는 뻔했습니다. 아니, 히틀러의 세계 지배도 불가능한 일이 아니었죠.

전쟁이 일어나는 일을 막을 수 없다고 판단한 실라르드 레오Szilárd Leó(1898~1964)와 유진 위그너Eugene Wigner(1902~1995) 같은 정치적으로 예민한 과학자는 미국으로 망명 와 있던 아인슈타인을 움직여 미국의 프랭클린 루스벨트 대통령에게 이러한 사실을 경고하는 편지를 쓰도록 했습니다. 1939년 8월 2일 자로 아인슈타인이 서명한 이 편지는 루스벨트 대통령(미국 제32대 대통령, 재임 기간 1933~1945)에게 전해졌죠.

다행히 전쟁이 일어나고 나서도 2년 동안 핵폭탄 개발은 이뤄지지 않았습니다. 왜냐하면 상당수 과학자가 빠른 시일 안에 핵폭탄을 개발할 가능성에 회의적이었기 때문입니다. 하지만 세상일은 항상 나쁜 쪽으로 꼬이게 마련이죠. 일단 핵폭탄의 가능성에 주목하기 시작하자 새로운 연구 성과가 쏟아져 나왔습니다.

1941년 한창 독일과 전쟁 중이던 영국의 과학자들이 우라늄 235를 이용해 핵분열 폭탄을 만드는 일이 가능하다고 판단했습니다. 같은 해 초에는 미국 캘리포니아 주의 버클리에서 글렌 시보그Glenn Seaborg(1912~1999)가 원자 번호 94인 새로운 원소 플루토늄을 인공적으로 만들어냈습니다. 플루토늄은 우라늄 235보다 더 쉽게, 또 더 적은 양으로 핵분열 폭탄을 만들 수 있으리라고 여겨졌죠.

결국 미국 정부는 1941년 12월 6일, 핵분열 폭탄 제조에 뛰어듭니다. 이날은 공교롭게도 일본군이 하와이 진주만에 정박해 있던 미국 함대를 기습하기 불과 하루 전이었습니다. 1938년 크리스마스 무렵에 유럽의 과학자 몇몇이 뿌린 핵폭탄의 씨앗이 7년 뒤 일본의 히로시마와 나가사키에서 터지는 역사의 퍼즐이 맞춰지고 있었던 것이죠.

브레이크 풀린 '장난감'의 폭주

한번 브레이크가 풀린 기관차의 폭주를 멈출 수는 없었습니다. 1942년 6월부터 핵폭탄 개발을 맡은 미국 육군은 '맨해튼 공병 지구Manhattan Engineer District'라는 암호명을 붙였습니다. 당시 돈으로 약 20억 달러, 지금의 가치로 환산하면 약 200억 달러(약 22조 원)가 들어가는 엄청난 군사 과학 프로젝트가 시작된 것이죠.

1942년 12월 2일에는 미국 시카고 한복판의 지하에서 세계 최초의 원자로가 가동을 시작했습니다. 테네시 주 오크리지에서는 폭탄에 쓰일 우라늄 235를 천연 우라늄에서 분리·농축했고, 워싱턴 주 핸퍼드에서는 우라늄 핵반응을 일으키는 원자로와 핵반응 생성물에서 플루토늄을 분리하는 공장이 가동했죠.

1943년부터는 뉴멕시코 주의 로스앨러모스에서 과학자 로버트 오펜하이머J. Robert Oppenheimer(1904~1967)를 중심으로 여러 명의 노벨상 수상자를 포함한 3,000여 명의 과학자가 모여 본격적으로 핵폭탄을 설계하고 조립하기 시작합니다. 그 결과가 바로 1945년 뉴멕시코 주 사막에서 폭발한 핵폭탄이었습니다.

이 시점에 이미 핵폭탄과 전쟁은 상관이 없어졌습니다. 미국군은 물론이고 로스앨러모스에 모인 과학자조차도 독일이 전쟁 기간 내내 핵폭탄 개발에 진전을 보지 못했고, 폭탄 제조를 시도하지도 못했던 사실을 수개월 전부터 알았습니다. 심지어 사막에서 실험용 핵폭탄이 터지기 2개월 전인 1945년 4월 30일 히틀러가 자살하고, 5월 8일 독일은 "무조건 항복"을 선언했죠.

태평양 전선에서 일본은 여전히 항복 전이었습니다. 하지만 해군과 공군을 거의 잃은 일본은 저항 의지를 상실했고, 물밑에서는 비밀리에 항복 협상이 진행 중이었습니다. 전쟁을 끝내자는 목적으로 핵폭탄을 일본에 떨어뜨릴 이유가 없었죠. 그래서 실라르드와 제임스 프랑크James Franck(1882~1964) 같은 과학자는 폭탄을 무인도 같은 데 떨어뜨려 위력을 보여주는 것만으로 충분하다고 주장했죠. 이들은 동시에 지금은 핵폭탄을 쓸 때가 아니라 전쟁이 끝나고 나서 핵폭탄과 그 제조 방법을 어떻게 통제할지를 궁리할 때라고 목소리를 높였습니다. 미국이 독점하던 핵폭탄 제조 방법을 여러 나라가 알게 되면, 인류를 결딴낼지 모르는 핵폭탄 제조 경쟁이 시작될 것을 우려했던 겁니다.

하지만 이들의 주장에 귀를 기울이는 이들은 소수였습니다. 리처드 파인만Richard Feynman(1918~1988)을 비롯한 대다수 과학자는 자신이 만든 '장난감'의 위력을 직접 확인하고 싶었습니다. 군인은 엄청난 자금을 쏟아부은 전쟁 무기를 실전에서 활용하고 싶어 했죠. 또 미국 정치인들은 엄청난 희생을 겪으며 유럽의 동부 전선에서 독일을 물리치고 또 동아시아에서 남으로 진주하던 소련을 막아야 했습니다. 8월 6일의 히로시마와 8월 9일의 나가사키의 비극을 아무도 막을 수 없었습니다.

▲ 1945년 8월 6일 핵폭탄이 투하된 히로시마 시내의 모습.

핵폭탄의 공포는 막을 수 없었을까

『원자 폭탄 만들기』는 20세기 초반 핵물리학의 역사와 국제 정세, 또 그 과정에서 핵폭탄이 어떻게 탄생해서 히로시마와 나가사키의 비극으로 이어졌는지를 치밀하게 그린 과학사의 손꼽히는 고전입니다. 로즈는 이 책을 내고 나서 제2차 세계대전부터 1960년대 초에 이르는 미국과 소련의 핵 군비 경쟁을 그린 『수소 폭탄 만들기*Dark Sun*』(1995)를 펴냈습니다〔로즈는 나중에 『원자 폭탄 만들기』와 『수소 폭탄 만들기』를 잇는 후속작 『어리석은 비축*Arsenals of Folly*』(2007, 국내 미출간)과 『핵폭탄의 황혼*The Twilight of* *the Bombs*』(2010, 국내 미출간)을 펴내 '핵무기 4부작'을 완성했죠).

처음부터 끝까지 책에서 눈을 뗄 수 없는 『원자 폭탄 만들기』를 다시 읽으면 안타까운 순간이 한두 대목이 아닙니다. 특히 1938년 말과 1939년 초, 핵분열을 발견한 과학자들이 조금만 더 세상 돌아가는 일에 예민한 촉수를 곤두세워서, 자신의 연구 성과를 세상에 공표하는 일을 조금만 늦추었더라면 어땠을까요? 그래도 지금 우리는 핵폭탄의 공포 속에서 살아갈까요?

로스앨러모스의 과학자 가운데 자신이 만든 폭탄으로 수많은 목숨을 잃은 일에 양심의 가책을 느낀 이가 극소수였다는 사실은 어떻게 받아들여야 할까요? 책을 덮는 마음이 착잡합니다.

더 읽어봅시다!

리처드 로즈, 『수소 폭탄 만들기』, 정병선 옮김, 사이언스북스, 2016.
카이 버드 · 마틴 셔윈, 『아메리칸 프로메테우스』, 최형섭 옮김, 사이언스북스, 2010.

• 청소년들이 읽을 때 지도가 필요한 책 •

Werner Heisenberg
Der Teil und das Ganze
Gespräche im Umkreis der Atomphysik
Piper

하이젠베르크, 진실의 불확정성

『부분과 전체』
베르너 하이젠베르크

『부분과 전체』는 양자역학의 창시자이자 불확정성의 원리를
공식화한 과학자인 하이젠베르크의 회고록이다.
여러 과학자들과 원자 물리학에 대해 나눈 토론과 대화,
자신의 연구에 대한 철학적 고찰 등 이 책은 과학 고전으로서의
가치를 갖는 의미 있는 기록들을 담고 있다.
그런데 히틀러 치하 독일에서 핵 개발을 맡았던 당시를 회고하는 대목은
미심쩍은 부분이 많다. 『부분과 전체』를 함께 읽으며 그 이유를 알아보자.

양자역학 창시자의 회고록

1945년 5월 8일, 제2차 세계대전의 도화선을 당겼던 독일이 항복합니다. 미국, 영국 등 연합국은 독일 수도 베를린을 점령하자마자 과학자 한 명을 찾습니다. 바로 베르너 하이젠베르크 Werner Karl Heisenberg(1901~1976)* 입니다. 연합군은 하이젠베르크를 다른 동료 과학자와 함께 영국 케임브리지 근처의 시골 마을에 구금합니다.

하이젠베르크는 바로 이곳에서 일본의 히로시마(8월 6일)와 나가사키(8월 9일)에 핵폭탄을 투하한 사실을 전해 듣습니다. 그 소식을 들은 하이젠베르크의 마음은 착잡했을 것입니다. 왜냐하면 패망 직전의 독일에서 핵폭탄 개발을 이끌었던 장본인이 하이젠베르크 본인이었으니까요.

『부분과 전체*Der Teil und das Ganze*』(1969)는 하이젠베르크가 70세

* 독일의 물리학자. 1925년에 행렬역학matrix mechanics을 창시하여 양자역학의 기초를 확립하였다. 1932년에 노벨물리학상을 받았다.

를 앞두고 자신의 인생을 회고하는 책입니다. 그는 이 책에서 자신의 삶에 결정적 영향을 줬던 만남과 대화를 중심으로 자신의 삶을 재구성합니다. 상대성 이론과 함께 현대 물리학을 뒷받침하는 기둥인 양자역학*의 창시자답게 이 책의 중요한 부분은 양자역학의 탄생 과정에 할애되어 있습니다.

사실 양자역학을 비롯한 현대 물리학에 상당한 지식을 가지지 않고서는 이 책에서 비중 있게 나오는 하이젠베르크와 동료 물리학자와의 대화를 따라가기가 쉽지 않습니다. 다만, 지금은 물리학 교과서의 무미건조한 수식으로만 남은 양자역학이 수많은 물리학자의 토론과 논쟁을 통해서 성립된 것임을 엿볼 수 있죠.

하이젠베르크는 양자역학을 비롯한 물리학 혁명이 던지는 철학적 의미를 탐구하는 데 많은 노력을 기울였습니다. 오늘날 대다수 과학기술자가 자신의 연구를 놓고서 어떻게 실용적으로 활용할지, 좀더 노골적으로 말하면 어떻게 돈벌이 수단으로 연결시킬 수 있을지 궁리하는 것과는 대조적입니다.

이렇게 『부분과 전체』는 여러 가지 흥미로운 독해가 가능한 고전입니다. 하지만 저의 눈길을 끄는 부분은 특히 뒷부분이었습니다. 하이젠베르크는 이 뒷부분에서 제2차 세계대전 시기에 독일에 남아 핵물리학 연구를 계속했던 자신의 삶, 그리고 전후

* 물질을 구성하는 입자의 운동을 다루는 현대 물리학의 기초 이론.

독일의 재건 과정에서 자신의 역할을 말합니다.

흥미롭습니다. 그는 도대체 왜 히틀러의 나치가 지배하는 독일에 남았던 걸까요? 그는 자신의 조국이 덴마크와 같은 이웃 나라를 힘으로 점령하고, 독일을 비롯한 유럽 전역의 유대인을 수용소로 보내 결국 죽음에 이르게 한 광경을 보면서 어떤 생각을 했을까요? 이제 그의 대답을 들어볼 차례입니다.

부분 1 — 과학자의 양심

예전에 『부분과 전체』를 읽은 몇몇 친구가 쓴 독후감을 읽어 볼 기회가 있었습니다. 대부분은 이 책을 읽고서 하이젠베르크를 존경하게 되었다고 감상을 남겼더군요. 그럴 만합니다. 하이젠베르크는 이 책에서 전쟁 동안의 자신의 행적을 누가 보더라도 그럴듯하게 정당화해놓았기 때문입니다.

하이젠베르크는 여러 동료의 망명 권유를 뿌리치고 독일에 남아서 과학 연구를 계속한(정확히 말하면 나치에 협력한) 이유를 이렇게 설명합니다. "나는 이미 전쟁에서 독일이 패망할 것을 예견했어." "전쟁으로 망가진 독일의 재건을 미리 준비하려면 수모를 감수하더라도 조국에 남을 수밖에 없었어." "유대인이 아니라서 생명의 위협을 느낄 필요가 없었던 것도 이유였지."

얼마나 감동적입니까? 미국과 같은 곳으로 망명해서 안락한 생활을 즐길 수 있었지만, 전쟁에서 패할 게 뻔한 고국의 동포와 고통과 아픔을 공유하고자 기꺼이 전쟁터에 남는 걸 선택했다니요! 그렇다면 전쟁 중에 독일의 핵물리학 연구를 이끌었던 건 어떤가요? 당시 핵물리학 연구는 사실은 핵폭탄 개발이었습니다.

하이젠베르크는 이렇게 해명합니다. "내가 독일의 핵폭탄 개발 계획 책임자이긴 했지만, 나는 독일이건 미국이건 전쟁이 끝나기 전에 핵폭탄 개발이 불가능할 것으로 판단했어." "독일 당국에도 그렇게 보고를 했기 때문에 사실은 독일의 핵폭탄 개발을 내가 막은 셈이야." "더구나 나는 핵에너지를 핵폭탄이 아니라 새로운 에너지 같은 평화적으로 이용할 방법을 궁리했어."

전쟁 말미에 마침내 모습을 드러낸 핵폭탄을 놓고도 그는 이렇게 말합니다. "미국이 히로시마와 나가사키에 핵폭탄을 투하했다는 소식을 듣고서 매우 놀랐다." "미국의 과학자들이 자신의 발명품(핵폭탄)이 무고한 인명을 살상하는 데 사용되지 않도록 좀더 노력했어야 했는데……" "전후에 서독이 핵무기 개발을 못 하도록 내가 얼마나 노력을 기울였는지 몰라."

『부분과 전체』에 나온 하이젠베르크의 진술만 읽고 나면, 몇몇 친구들이 그에게 존경을 표하는 이유를 알 듯합니다. 그런데 여기서 우리는 한 가지 중요한 사실을 기억해야 합니다. 이 책은 전적으로 하이젠베르크의 입장에서 쓴 회고록이라는 점입니다. 모든 사람은 의도적으로 혹은 자기도 알지 못한 채 거짓말을 합니다. 하이젠베르크도 예외가 아닙니다.

전체 1 — 과학자의 고민

토니 상Tony Awards은 미국에서 훌륭한 연극이나 뮤지컬에 수여하는 권위 있는 상입니다. 2000년 토니 상(연극 부문)을 수상한 연극이 「코펜하겐」입니다. 이 연극에는 세 사람이 등장합니다. 바로 하이젠베르크와 그의 스승이자 친구인 닐스 보어, 그리고 보어의 아내 마르그레테입니다. 도대체 무슨 일이 있었기에 이렇게 연극으로까지 만들어졌을까요?

제2차 세계대전이 한창이던 1941년 9월 15일, 하이젠베르크는 덴마크 코펜하겐에 도착합니다. 독일은 이미 1940년 4월 덴마크를 점령한 상태였죠. 그러니까 독일에서 최고 권력을 가진 과학자가 점령국을 방문한 것입니다. 그의 공식 방문 목적은 9월 19일부터 열리는 학술 대회 참석이었지만, 사실은 오랜 친구 보어를 방문하가 위해서였죠.

「코펜하겐」은 하이젠베르크가 보어를 방문했을 때, 도대체 무슨 일이 있었는지를 추적(?)한 연극입니다. 물론 이 인상적인 만남은 하이젠베르크의 『부분과 전체』에서도 찾아볼 수 있습니다. 그는 자신의 스승이자 친구였고, 공동 연구를 통해서 양자역학을 창시한 보어를 찾아간 이유를 이렇게 설명합니다.

"보어를 만나서 전반적인 현안에 대해서 의견을 나누는 것은 분명히 가치 있는 일이었다."

하지만 당시 하이젠베르크와 보어를 둘러싼 상황은 이렇게 한가하지 않았습니다. 1939년 독일의 폴란드 침공으로 제2차 세계대전이 발발하자마자 독일 정부는 핵폭탄 프로젝트를 시작했습니다. 그리고 하이젠베르크는 바로 그 프로젝트의 책임자였습니다. 더구나 하이젠베르크가 보어를 방문할 무렵에는 미국이 핵폭탄 개발에 나섰다는 소문이 돌고 있는 상황이었죠.

이제 상황이 얼마나 복잡했는지 알겠죠? 보어는 이미 1939년에 "우라늄으로 슈퍼 폭탄을 만드는 일이 가능하다"고 예언했던 과학자입니다. 그리고 그의 동료, 제자 가운데 상당수는 전쟁을 피해서 미국으로 망명한 참이었죠. 물론 그중에는 유대인이라 생명의 위협을 느껴서 어쩔 수 없이 미국행을 선택한 과학자도 여럿이었고요.

그렇다면 하이젠베르크가 보어를 찾아간 이유는 어쩌면 미국 쪽 과학자의 동향을 파악하려는 데 있었을지도 모릅니다. 혹은 보어에게 단순히 자문諮問하는 것이 아니라 그를 설득하거나 혹은 협박하려는 것이었을 수도 있습니다. 실제로 하이젠베르크와 보어의 만남은 그렇게 유쾌하지 않았습니다.

부분 2 — 과학자의 거짓

하이젠베르크는 코펜하겐에 도착하자마자 보어를 찾아갑니

다. 그리고 코펜하겐을 떠날 때까지 몇 차례 만납니다. 하이젠베르크의 피아노 연주가 곁들어진 마지막 만남을 제외한 이전의 만남에서 무슨 말이 오갔는지는 보어와 둘의 만남을 지켜본 여럿의 증언과 『부분과 전체』의 내용이 어긋납니다. 심지어 하이젠베르크도 보어와 자신의 기억이 엇갈리고 있음을 인정하죠.

보어는 전쟁을 일으키고 또 이웃 나라를 강제로 점령한 독일에 비판적이었습니다. 반면에 하이젠베르크는 '독일이 전쟁에서 반드시 이겨야 한다'고 여러 차례 강조했고, '나치가 유럽을 지배하는 것은 시간문제'라고 주장했습니다. 심지어 독일이 이웃 나라를 점령한 것도 '그 국가들은 스스로 다스릴 능력이 없기 때문에 독일 정부의 개입은 바람직한 일'이라고 보았죠.

하이젠베르크는 보어와 두번째 만났을 때, 결국 핵폭탄 얘기를 꺼냅니다. 끈기 있게 하이젠베르크의 얘기를 경청하던 보어는 "독일이 전쟁에서 반드시 이겨야 한다"는 말에 분노를 터뜨립니다. 그리고 핵폭탄 얘기가 나오자 어이가 없어서 할 말을 잃고 말았죠. 이 무렵 보어가 하이젠베르크에게 썼다가 부치지 않은 편지들은 그날의 대화를 이렇게 기록합니다.

> "자네〔하이젠베르크〕는 다소 모호하게 말했지만, 자네의 지휘하에 독일의 핵무기 개발 프로젝트가 진행 중임을 거의 확신할 수 있었네." "처음부터 자네는 전쟁이 오래 지속되면 핵폭탄으로 마무리될 거라고 확신했지. 〔……〕 내가 의심스러운 표정을 짓자 자네는 '이 분

야에 오래 투신해왔기 때문에 잘 안다. 그렇게 될 수밖에 없다'고 단언하지 않았나."•

보어는 하이젠베르크가 자신을 통해서 연합국(미국)의 핵폭탄 개발 사업이 얼마나 진척되었는지 알아내려는 눈치였다고 회고했습니다. 그는 옛 친구를 "자신의 주인(히틀러)에게 핵무기를 만들어 바치겠다고 작정한 호전적인 과학자"로 기억합니다. 반면에 하이젠베르크는 『부분과 전체』에서 "핵무기 개발에 반대하는 과학자의 모임을 만들려고 노력했다"고 회고하죠.

연극 「코펜하겐」은 하이젠베르크와 보어 사이의 이 엇갈리는 기억을 극적으로 구성한 작품입니다. 이 연극은 하이젠베르크의 진심이 무엇이었는지 추적합니다. 그는 독일의 핵무기 개발이 진척이 없음을 친구에게 알리고, 정말로 이 어려운 시기에 과학자가 무엇을 할지를 묻고 싶었던 걸까요? 아니면 정말로 옛 친구를 상대로 염탐꾼 노릇을 한 걸까요?

전체 2 — 과학자의 파국

하이젠베르크와 보어의 만남은 결국 최악의 파국으로 끝납니다. 두 과학자가 만난 지 얼마 후인 1941년 10월 9일, 미국 대통

• 짐 배것, 『퀀텀 스토리』, 박병철 옮김, 반니, 2014, 258~259쪽.

령 프랭클린 루스벨트는 핵폭탄 개발을 추진하기로 최종 결정합니다. 그리고 1년 후인 1942년 9월에 보어는 연합국의 도움으로 덴마크를 떠나 미국으로 망명하게 되죠. 그 뒤 보어는 핵폭탄 개발에 합류하게 되었습니다.

보어가 이렇게 핵폭탄 개발에 합류하게 된 데는 하이젠베르크와의 대화가 결정적인 역할을 했습니다. 또 핵폭탄 개발에 참여한 미국, 유럽의 많은 과학자 역시 자기 내면의 양심의 목소리를 억누르는 수단으로 하이젠베르크 등이 개발하는 독일의 핵폭탄을 사용했죠. '우리가 개발하지 않더라도, 어차피 독일의 핵폭탄 개발은 시간문제야!'

하지만 정작 보어가 핵폭탄 개발에 합류한 그 시점에 독일 나치와 하이젠베르크를 비롯한 과학자는 핵폭탄 개발을 포기한 상황이었습니다. 또 하이젠베르크를 비롯한 독일 과학자는 독일은 그렇다 해도 미국이 그토록 짧은 시간, 즉 2~3년 만에 핵폭탄을 만들어내리라고는 예상치 못했습니다.

반면 전폭적인 지원을 받은 미국의 과학자들은 핵폭탄 개발에 성공했고 그 결과는 끔찍했습니다. 히로시마와 나가사키에서 우리 동포를 포함한 수많은 희생자가 발생했고, 생존자뿐만 아니라 그 2세, 3세도 심각한 후유증으로 고통을 겪고 있죠. 전후 세계 곳곳에서 만든 핵폭탄은 지구를 여러 번 결딴낼 위험을 안고서 지금도 곳곳에서 똬리를 틀고 있어요〔핵폭탄의 부산물로 등장한 핵발전소(원자력 발전소)가 초래하는 문제는 또 어떻고요?〕.

그러고 보면 하이젠베르크가 보어를 만난 일은 최악의 결과를 낳은 셈입니다. 그는 적국(연합국)의 핵폭탄 개발을 막지도 못했을 뿐만 아니라 되레 핵폭탄 개발을 부추기는 역할을 했습니다. 또 『부분과 전체』에서 자신이 주장한 대로 과학자가 핵폭탄 개발에 참여하는 걸 저지하기보다는 오히려 핑곗거리를 만들어주고 말았죠.

부분과 전체 — 불확정성의 원리

하이젠베르크의 과학 업적 가운데 가장 유명한 것이 '불확정성의 원리'입니다. 전자와 같은 아주 작은 입자의 위치와 속도를 동시에 정확히 확정할 수는 없다는 원리입니다. 전자의 위치를 측정하려는 시도는 전자의 속도에 영향을 줄 수밖에 없고, 또 속도 측정은 전자의 위치에 영향을 줄 수밖에 없기 때문에 두 값을 정확히 알 수 없다는 것이죠.

과학철학자 이상욱 한양대학교 교수는 흥미로운 제안을 합니다. 『부분과 전체』에 묘사된 하이젠베르크의 삶, 특히 뒷부분의 삶이야말로 바로 이런 불확정성의 원리를 보여주는 한 가지 본보기라는 거예요. 그러니까 하이젠베르크가 보어를 방문하던 1941년 당시에 그의 속마음이 무엇인지를 과연 확정할 수 있을지 묻는 것이죠.

하이젠베르크는 한편으로는 조국이 전쟁에서 승리하길 바랐고, 또 자신이 그 과정에서 기꺼이 중요한 역할을 맡기를 바랐습니다. 그러나 한편으로는 과학자의 양심상 나치와 같은 파시스트가 일으킨 전쟁에 부역하는 행위가 과연 정당한지, 또 핵폭탄과 같은 끔찍한 무기를 만드는 데 힘을 보태는 게 맞는지 자문했겠죠. 하이젠베르크가 1941년에 실제로 했던 일과 『부분과 전체』 내용 사이의 불일치는 바로 이런 불확정성의 원리가 빚어낸 결과일 테고요. 어쩌면 하이젠베르크처럼 격동기를 살고 있지 않은 평범한 사람의 삶 역시, 정도의 차이는 있을 뿐 불확정성의 원리가 작용하고 있을지 모릅니다. 당장 친구들이 지금의 시점을 나중에 회고한다면 어떤 해석을 덧붙여 재구성하게 될까요?

격동의 현대사를 살아온 한 노老과학자가 『부분과 전체』를 통해서 보여주는 불확정한 삶의 무게가 만만치 않은 것도 이 때문입니다.

더 읽어봅시다!

로베르트 융크, 『천 개의 태양보다 밝은』, 이충호 옮김, 다산북스, 2018.
짐 배것, 『퀀텀 스토리』, 박병철 옮김, 반니, 2014.

• 청소년들이 꼭 읽어야 할지 의문이 드는 책 •

이제는 '이기적 유전자'를 버릴 때

『이기적 유전자』
리처드 도킨스

지난 40여 년간 과학 고전으로 널리 읽힌 『이기적 유전자』는
유전자 중심의 이론을 설명할 때 빠지지 않고 인용되는 책이다.
하지만 인간을 유전자의 꼭두각시로 설명하는 도킨스의 이런 주장을
의심 없이 그대로 받아들여도 되는 것일까?
『이기적 유전자』를 비판적인 관점으로 읽어볼 차례다.

과학으로 포장된 생각

"낙태하고 다시 임신을 시도하세요. 기회가 있었는데도 낙태하지 않고 아기를 낳는 건 비도덕적입니다."

배 속의 아기가 다운 증후군을 가진 사실을 알게 된 엄마가 어떻게 해야 할지 질문을 던졌을 때, 누군가 이렇게 대답을 했습니다. 만약 여러분이 이런 대답을 들었다면, 어떤 생각이 들까요? 설령 낙태하기로 결심한 부모라도 이 비정한 대답에 거부감 혹은 혐오감을 느꼈을 가능성이 큽니다.

그런데 실제로 이런 일이 있었습니다. 『이기적 유전자*The Selfish Gene*』(1976)로 유명한, 세계적으로 명성이 높은 생물학자 리처드 도킨스Richard Dawkins(1941~)는 2014년 8월 20일 자신의 사회 연결망 서비스Social Networking Service, SNS 계정에 '혹시 배 속 아기가 다운 증후군이라는 사실을 알게 된다면 어떻게 해야 할까요?' 하고 묻는 한 여성의 질문에 위와 같이 답했습니다.

공교롭게도 이 비정한 답변이 모두에게 공개되는 바람에 도킨스는 큰 곤욕을 치렀습니다. 그는 다음 날(8월 21일) 급하게 140자로 글자 수가 제한된 탓에 자기 생각이 제대로 전달되지 않았다며 사과를 했습니다. 하지만 상당히 긴 그 사과에서도 도킨스는 '배 속의 다운 증후군 아이를 낙태하는 게 도덕적이다'라는 자신의 생각은 그대로 고집했죠.

도킨스가 이렇게 논란이 된 것은 이뿐만이 아닙니다. 1997년 2월 22일 세계 최초의 복제 동물인 복제 양 '돌리'가 영국에서 등장했을 때(실제로 태어난 건 1996년 7월 5일이었죠), 인간 복제의 가능성을 둘러싼 논란이 세계를 뒤흔들었습니다. 도킨스는 그 와중에도 BBC 방송과의 인터뷰(1999년 1월 30일)에서 "딸의 복제에 반대하지 않겠다"라고 답해서 화제가 되었죠.

이런 일화는 단순한 해프닝으로 볼 일이 아닙니다. 따져보면, 과학자 도킨스의 생각을 유감없이 드러내주는 일화니까요. 꼭 읽어야 할 과학 고전으로 꼽히는 그의 『이기적 유전자』를 다시 읽어봐야 하는 이유도 여기에 있습니다. 왜냐하면 『이기적 유전자』에는 과학 지식으로 포장된 그의 생각이 강하게 깔려 있기 때문입니다.

"인간은 유전자가 만든 '생존 기계'다"

『이기적 유전자』는 나온 지 40년이 지났지만 여전히 과학

책 판매 순위의 앞쪽에 있는 베스트셀러입니다. 1970년대 이후 40년간 비약적으로 발전한 생물학 지식을 염두에 두면 참으로 기이한 일입니다. 인간 게놈 프로젝트와 같은 그간의 굵직한 연구 성과를 이 책은 전혀 담고 있지 않으니까요.

『이기적 유전자』가 성공한 가장 중요한 이유는 그 단순 명료함입니다. 이 책은 시작하자마자 이렇게 선언합니다.

> 우리〔인간〕는 유전자가 자기 자신을 보존할 목적으로 만든 생존 기계다.*

이 문장을 자세히 설명하면 이렇습니다. 모든 생물의 조상인 최초의 '복제자replicator'가 아주 우연히 만들어졌습니다. 그리고 시간이 지나면서 이 복제자는 (돌연변이 등의 과정을 거쳐서) 다양한 모습으로 퍼지고, 서로 경쟁하기 시작했죠. 그리고 그 가운데 일부는 "자신의 존재를 유지하기 위한 기술"을 발전시켰습니다.

그렇게 복제자가 "자신의 존재를 유지하기 위한 기술"로 선택한 것이 바로 인간과 같은 생물입니다. 이제 복제자는 유전자의 모습으로 인간과 같은 생물 속에서 자리 잡고, 자신을 퍼트

* 원문은 다음과 같다. "We are survival machines—robot vehicles blindly programmed to preserve the selfish molecules known as genes."(*The Selfish Gene*, 1976, p. ix)

리고자 이 '생존 기계'를 이용합니다. 그러니까 우리가 경쟁하고, 사랑하고, 번식하는 모든 일은 이 유전자가 자신을 퍼트리려는 전략의 일환입니다.

엄마가 아기를 애지중지하는 모성애처럼 겉으로 보기에는 이타적으로 비춰지는 성향조차도 사실은 복제자(유전자)가 자신과 똑같은 것들을 세상에 더 많이 퍼트리려는 전략의 결과일 뿐입니다. 이렇게 '이기적 유전자'가 지배하는 세상은 도킨스의 표현대로라면, 약육강식이 지배하는 영화 속 '조폭'의 세계와 다를 바가 없습니다.

이런 설명을 염두에 두면 글머리에 언급한 일화도 납득이 됩니다. 도킨스의 논리대로라면, 설사 배 속의 아기가 다운 증후군에 걸렸다는 사실을 알면서도 낳을지 말지를 고민하는 부모의 마음은 '이기적 유전자'가 자신을 번식시키려는 전략의 결과입니다. (21번 염색체 수에 문제가 생긴) 다운 증후군에 걸린 그 아이도 부모의 유전자를 공유하고 있으니까요.

하지만 도킨스 혹은 '이기적 유전자'가 보기엔 다운 증후군 아기를 낳는 건 잘못된 선택입니다. 다운 증후군에 걸린 아이는 어른이 되기 전에 죽을 가능성이 클 뿐만 아니라, 설사 어른이 되더라도 부모가 아이처럼 보살펴야 합니다. 그 아이가 연애나 결혼을 할, 그러니까 새로운 후손을 낳을 가능성도 아주 낮죠. 그런 점에서 '이기적 유전자'의 '합리적' 선택은 이 아이를 포기(낙태)하고, 새로운 아이를 갖는 것입니다.

복제 인간은 어떤가요? 과학 이론만 놓고 보면, 복제 인간은 '원본'과 유전자가 똑같은 쌍둥이와 다를 바가 없습니다. 즉 '이기적 유전자'의 관점에서 복제 인간은 복제 기술을 활용해서 자신과 똑같은 유전자를 손쉽게 세상에 퍼트릴 수 있는 방법이죠. 그러니 도킨스 혹은 '이기적 유전자'의 '합리적인' 선택은 복제 인간을 긍정하는 것입니다.

'이기적 유전자'는 없다

지금의 시점에서 보면, 『이기적 유전자』는 문제투성이 책입니다. 왜냐하면 '이기적 유전자' 따위는 세상에 존재하지 않기 때문이죠.

『이기적 유전자』가 출간된 시점인 1976년만 하더라도 생물학자를 포함한 많은 이가 세대를 이어 불멸하는 실체로 유전자를 가정했습니다. 그리고 그 유전자 안에 심신의 특징을 규정하는 온갖 정보가 일목요연하게 총망라되어 있으리라고 기대했죠. '비만 유전자' '게으름 유전자' '바람둥이 유전자' 등……

하지만 2003년에 마무리된 인간 게놈 프로젝트와 그 이후의 연구 성과 탓에 이런 기대는 산산조각 났습니다. 인간 게놈 프로젝트는 세포를 구성하는 약 10만 가지의 서로 다른 단백질을 합성하는 암호를 갖고 있는 유전자가 약 2만 5,000개라는 사실을 밝혀냈습니다(이는 초파리와 거의 비슷한 수준입니다).

이에 당장 30억 개에 달하는 (유전 정보가 담긴) DNA 서열 가운데 나머지 98퍼센트 이상의 DNA가 무슨 역할을 하는지 의문이 제기되었습니다. 더구나 단백질 합성 암호를 담고 있는 DNA 가닥도 여기저기 흩어져 있는 터라서 상황은 더욱 복잡해졌죠. 하나의 '비만 유전자' 따위는 존재하지 않음이 확인되었으니까요.

그러니까 이런 식입니다. 한 개인이 성장하면서 여러 개의 DNA 서열에 담긴 유전 정보가 꿰맞춰지면 그때야 비로소 한 개인의 비만 가능성이 다소 높아집니다. 그리고 이렇게 여러 개의 DNA 서열이 꿰맞춰지는 과정에서는 영양 상태, 운동 여부와 같은 환경 요인도 큰 역할을 하고요.

꼬리에 꼬리를 물고서 이런 고민도 이어집니다. DNA 서열 여기저기 안에 흩어져 있는 비만과 같은 유전 정보가 꿰맞춰지는데 영양 상태, 운동 여부와 같은 환경 요인이 중요하다면 도대체 한 개인이 뚱뚱해진 원인은 뭘까요? 유전(본성)일까요, 아니면 환경(양육)일까요? 생명 현상의 복잡한 실체가 드러날수록 이 질문에 답하기가 더욱더 어려워지고 있습니다.

진화와 문화의 사이에서

『이기적 유전자』의 치명적인 약점은 이뿐만이 아닙니다. '이기적 유전자'가 지배하는 세상이 하도 살벌했는지, 도킨스는 슬

그머니 꼬리를 내립니다.

도킨스는 책의 마지막 부분에서 '우리 인간은 (이기적 유전자의 요구를 따르는) 로봇에 불과하지만, 다른 종과는 달리 그것의 독재를 피할 수 있다'고 주장합니다. 인간에게는 '이기적 유전자'의 지시에 반항할 수 있는 역량이 있다는 것이죠. 그에 따르면, 인간은 '진화'와 구별되는 '문화'가 있기 때문에 '이기적 유전자'의 규칙에 반해서 행동할 수 있습니다.

그런데 이런 주장은 두 가지 면에서 문제가 있습니다. 먼저 앞뒤가 맞지 않습니다. 분명히 앞에서 도킨스는 인간과 같은 생물을 복제자(유전자)의 번식 전략을 그대로 따르는 '생존 기계,' 즉 로봇에 불과한 존재라고 규정했습니다. 그런데 갑자기 로봇(인간)에게 주인(유전자)의 말에 반항할 수 있는 역량이 있다고 항변합니다.

그렇다면 도대체 '이기적 유전자'의 뜻대로 움직이도록 만들어진 로봇(인간)의 어디에 그것에 반하는 행동을 추동하는 프로그램이 숨어 있는 것일까요? 또 그 프로그램은 도대체 어디서 유래한 걸까요? 그리고 그런 프로그램은 어떻게 작동하는 걸까요? 도킨스는 이런 질문에 침묵합니다.

인간의 문화가 과연 진화와 무관한 것인지도 의문입니다. 인류는 동굴 속에서 생활할 때부터 신과 같은 절대자를 믿는 종교 활동을 했습니다. 이 종교는 오늘날까지도 인류 다수의 일상생활을 좌지우지하는 문화입니다. 이렇게 오랫동안 인류의 삶을 좌지우지한 문화가 과연 진화와 아무런 관계가 없었을까요?

또 인류로 진화하는 과정에서 인간의 조상은 요리를 하고, 노래를 부르고, 춤을 추는 등 오늘날까지 이어지는 여러 문화 활동을 향유했습니다. 이런 문화 활동은 인류가 지금과 같은 모습으로 진화하는 데 상당한 영향을 끼쳤으리라는 게 많은 과학자의 주장입니다. 이런 사실을 염두에 두면 진화와 문화는 서로 긴밀하게 영향을 끼쳤다고 이해하는 게 합리적이죠.

『이기적 유전자』라는 망상

이제 도킨스의 『이기적 유전자』를 왜 과학 고전으로 읽어서는 안 되는지 감이 왔죠? 이 책은 과학 지식이라기보다는 (현실에는 없는 단일한 실체를 가진) 유전자로 모든 것을 환원해서 설명하려는 한 시대의 유산입니다. 도킨스는 마치 한 편의 잘 쓰인 문학 작품을 연상시키는 멋진 수사를 동원해 이런 유행의 선도자가 되었습니다. 그 유행은 지금까지 계속되고 있고요.

도킨스는 『만들어진 신*The God Delusion*』(2006)에서 종교를 "망상delusion"이라고 조롱하며, 그것을 해로운 바이러스에 비유합니다. 그런데 바로 그가 『이기적 유전자』를 통해 퍼트린 생각이야말로 지금은 또 다른 망상으로 확인되고 있습니다. 이제는 한 시대를 유행한 도킨스와 그의 책 『이기적 유전자』에게 제자리를 찾아줘야 할 때입니다.

과학 고전 엮어 읽기

진 vs. 밈

『이기적 유전자』를 계기로 '이기적 유전자'만큼이나 유행어가 된 새로운 용어가 바로 '밈meme'입니다. 진화와 문화를 구분한 도킨스는 유전자처럼 문화 현상을 촉발하는 기본 단위를 가정하고, 이것을 '밈'이라고 불렀습니다. 밈은 '흉내 낸다'는 뜻의 그리스어 '미메메mimeme'를, 유전자라는 뜻의 '진gene'을 본떠 변형한 것이죠.

도킨스에 따르면 사상, 종교, 노래 등 모든 문화 현상이 밈을 통해 촉발되고 전파됩니다. 밈 가운데는 해로운 것도 있고, 이로운 것도 있죠. 예를 들어, 종교를 혐오하는 그는 종교야말로 해로운 밈이라고 보았습니다. 반대로 전 세계에 신드롬을 일으킨 가수 싸이의 「강남 스타일」 뮤직 비디오에 나오는 '말 춤'은 이로운 밈입니다.

밈은 인터넷으로 세상이 연결된 디지털 시대에 유행어로 각광을 받고 있습니다. 그러나 모방을 통해서 사회 현상을 설명하려는 시도는 도킨스 이전에도 존재했습니다. 가장 대표적인 학자가 프랑스의 사회학자 가브리엘 타르드Gabriel Tarde(1843~1904)입니다. 타르드는 이미 19세기에 사회 현상을 촉발하는 핵심으로 모방의 중요성을 강조한 『모방의 법칙*Les lois de l'imitation*』(1890)을 펴냈죠.

더 읽어봅시다!

힐러리 로즈·스티븐 로즈, 『급진 과학으로 본 유전자 세포 뇌』, 김명진·김동광 옮김, 바다출판사, 2015.
장대익, 『다윈의 식탁』, 바다출판사, 2014.
스티븐 제이 굴드, 『풀 하우스』, 이명희 옮김, 사이언스북스, 2002.
가브리엘 타르드, 『모방의 법칙』, 이상률 옮김, 문예출판사, 2012.

제2부

싸우는 과학

세상에 목소리를 낼 것

과학자는 정치적·경제적·사회적·문화적 조건으로부터
결코 자유롭지 못합니다.
자기도 모르게 특정한 편견에 사로잡혀 있을 가능성이 큽니다.
그런 과학자가 과학의 이름으로 인간의 의미를 연구할 때,
그것은 또 다른 심각한 문제를 낳을 수도 있습니다.
그래서 어떤 과학자는 이런 문제를 놓고 과학자가
좀더 목소리를 높일 것을 주장합니다.
과학자는 위험한 사회적 결과들을 초래할 수도 있는 주장을
공개적으로 바로잡고자 노력할 의무가 있기 때문입니다.

• 청소년들이 꼭 읽어야 할 책 •

"나는 과학과 싸우는 과학자입니다!"

『과학과 사회운동 사이에서』
존 벡위드

사람들은 흔히 과학자라면 모두가 객관적인 시각을 견지하고
윤리적인 연구를 할 것이라고 생각한다. 과연 그럴까?
재조합 DNA 등의 과학 이슈가 우리 사회에 미치는 영향력을 고려하면,
과학계에 몸담고 있는 연구자들 스스로의 노력과 감시,
사회적 책임 인식이 무엇보다 중요하다.
이와 관련하여 세계 최정상급 과학자이자 영향력 있는 사회 운동가인
존 벡위드의 자서전을 읽으며, 과학과 사회의 관계에 대해 생각해보자.

행동하는 과학자들

지난 2008년 노벨물리학상을 받은 일본의 과학자 마스카와 도시히데益川敏英(1940~2021)와 만나 인터뷰를 한 적이 있습니다. 마스카와는 일본에서 스타 과학자였습니다. 노벨상 때문만이 아닙니다. 그는 노벨상을 받자마자 "노벨상 수상이 기쁘지 않다"고 말해서 사람들을 놀라게 했습니다. 노벨상을 받은 게 뭐 그리 대단한 일이냐는 거죠. 그는 노벨상 수상식에 참석하고자 여권을 처음 만들어서 화제가 되었습니다. 일흔 평생을 사는 동안 한 번도 외국 여행을 하지 않았던 것이죠.

노벨상 수상 강연도 남달랐습니다. "I can't speak English"(나는 영어를 못합니다)로 입을 뗀 뒤, 일본어로 강연을 진행했습니다. 1968년 노벨문학상을 받은 가와바타 야스나리 이후, 일본어로 노벨상 수상 연설을 한 것은 처음 있는 일입니다. 그는 나중에 이렇게 덧붙였습니다. "영어를 못한다고 과학도 못 하는 것은 아닙니다."

그러나 마스카와가 일본에서 유명한 것은 이런 기행 때문이 아니에요. 그는 일본에서 사회 운동에 적극적인 이른바 '행동하는 과학자'로 손꼽혔습니다. 그는 노동 운동, 평화 운동에 참여해왔으며, '일본의 군대 보유 금지와 교전권• 불인정'을 핵심으로 하는 일본 헌법 전문과 제9조를 지키는 '9조회'의 일원이기도 했습니다.

마스카와는 자신이 이렇게 사회 운동에 참여하게 된 계기로 스승인 사카타 쇼이치坂田昌一(1911~1970)와의 만남을 들었습니다. 사카타는 세계적으로 유명한 일본의 물리학자입니다.

> "사카타 쇼이치 선생님은 한 번도 제자에게 '평화 운동 같은 사회 운동에 관심을 가져라' 이런 얘기를 한 적이 없었습니다. 그는 평화와 같은 가치를 과학을 지탱하는 기반으로 인식했고, 그 신념에 따라 행동했죠. 그는 자신의 삶을 통해서 과학자가 사회 운동에 참여하는 것이 옳은 일이라는 것을 가르쳤습니다."

연구를 중단하라

이런 마스카와의 얘기를 들으면서 또 다른 '행동하는 과학자' 존 벡위드Jon Beckwith(1935~)가 떠올랐습니다. 1969년 34세의 벡

• 국가 간에 평화적인 수단으로 해결할 수 없는 문제가 생겼을 때, 전쟁을 통해 이를 해결할 수 있는 권리. 주권 국가에만 있다.

위드는 대장균에서 특정한 유전자를 분리하는 데 성공하면서 세계 최정상급 과학자로서 첫걸음을 내딛습니다. 그러나 그 중요한 순간에 그는 기자 회견을 자청해 "이런 유전자 조작이 궁극적으로 인류에게 위험이 될 수 있다"고 경고합니다.

튀는 행동의 대가는 컸습니다. 곧바로 벡위드는 '과학의 배신자' 소리를 들었죠. 하버드 대학교에서 함께 몸담고 있던 동료 과학자는 이렇게 물었습니다. "도대체 무슨 목적으로 그런 일을 한 거야?" 그를 비판하는 많은 과학자는 "생물의 유전 정보를 훨씬 정교하게 조작하려면 아직도 멀었다"며 목소리를 높였습니다. 그들은 최소한 "50년은 걸릴 것"이라고 장담했죠.

그러나 벡위드의 경고는 5년도 채 안 돼 현실이 되었습니다. 1973년 유전자를 조작해 자연에 없었던 새로운 생명체를 '만들' 수 있는 방법(재조합 DNA)이 나온 것입니다. 놀란 과학자들은 뒤늦게 역사상 유례가 없는 행동을 취했습니다. 1973~1974년 제임스 왓슨, 폴 버그Paul Berg(1926~) 등 거물 생명과학자 수십 명은 이 재조합 DNA 연구의 중단, 즉 '모라토리엄'* 을 요구합니다.

* 일반적으로 특정 행동이나 법안의 유예나 연기를 일컫는 말이다. 전쟁, 지진, 경제 공황, 화폐 개혁 따위와 같이 한 나라 전체나 특정 지역에 긴급 사태가 발생한 경우 국가 권력의 발동에 의해 일정 기간 금전 채무의 이행을 연장시키는 일을 가리키는 용어로도 쓰이고, 특정 집단이 어떤 행동을 유예, 연기하는 일을 지칭하기도 한다.

나는 과학자이자 사회 운동가다

그때 벡위드는 왜 그렇게 나섰을까요? 벡위드의 자서전 『과학과 사회운동 사이에서*Making Genes, Making Waves*』(2002)는 그 이유를 알기 위해 꼭 읽어야 할 책입니다. 그는 이 책에서 〔프랑수아 자코브François Jacob(1920~2013)•가 얘기한 것처럼〕 "그가 어떻게 세계 최정상급 과학자가 되었고, 또 영향력 있는 사회 운동가가 되었는지 솔직히" 고백합니다.

일단 벡위드의 행동을 이해하려면 1960년대로 돌아가야 합니다. 1960년대 전 세계는 세상을 바꾸려는 젊은이의 열정으로 들썩였습니다. 미국과 서유럽에서 대학생, 고등학생이 거리로 나서서 자본주의, 관료주의 같은 기성세대가 만들어놓은 질서에 문제를 제기했습니다. 여성 운동, 평화 운동, 환경 운동 등이 이때부터 시작되었죠.

개발도상국의 상황은 훨씬 더 복잡했습니다. 여전히 미국, 유럽 등의 정치 경제적 지배를 받던 중남미, 아시아, 아프리카 등에서 민족 해방 운동이 불길처럼 번졌습니다. 미국과 서유럽의 젊은이들이 내부의 기득권에 맞섰다면, 개발도상국의 젊은이들은 총을 들고 외부의 지배자에 저항했습니다.

이렇게 세상을 바꾸려는 1960년대의 열정이 벡위드의 행동에

• 프랑스의 생물학자. 효모에 대한 연구로 1965년 노벨생리의학상을 수상했다.

녹아 있습니다. 그는 1960년대 미국의 대학가를 강타했던 '대항 문화'의 흐름 속에서 약자의 눈으로 세상을 바라보는 감수성을 벼렸습니다. 그는 1960년대 미국, 유럽을 비롯해 전 세계를 휩쓴, 변화를 향한 갈망과 그 연장선상에서 나온 평화 운동에 동참하면서 관찰자에서 행동가로 변했죠.

벡위드가 하버드 대학교 교수로 임용되자마자 의과대학 내 아프리카계 미국인(흑인)의 숫자를 늘리는 데 앞장선 것이나, 하버드 대학교 인근의 슬럼 재개발에 맞서 가난한 주민 편에서 싸운 것은 바로 이런 시대 배경을 염두에 두지 않으면 이해할 수 없습니다. 하지만 그는 이때까지만 해도 사회 운동가와 과학자의 삶을 연결하지는 못했습니다.

1969년의 기자 회견은 바로 이 두 가지, 즉 과학자의 삶과 운동가의 삶을 통합하는 계기였습니다. 벡위드는 과학이 사회에 긍정적이든, 부정적이든 큰 영향을 미칠 수 있음을 인식했고, 자신이 앞으로 해야 할 일을 명확히 깨달았습니다. 그는 1970년 미국 미생물학회가 제약 업체 일라이릴리Eli Lilly의 후원으로 수여하는 상을 받으며 이렇게 선언합니다(벡위드는 그 제약 업체의 폐해를 지적하며, 상금을 급진적인 흑인 해방 운동을 펼쳤던 흑표범당Black Panther Party에 공개 기부했습니다).

"우리[과학자]가 그런 종류의 연구에서 상당한 즐거움을 얻는다는 것은 사실입니다. 마음먹은 대로 유전자를 조작하는 일은 무척이나 즐거운 것이니까요. [……] 그러나 나는 이것이 우리가 극복해야 할 유혹이라고 생각합니다. 왜냐하면 우리와 우리 연구가 사용되는 방식 때문에, 우리는 사회에 특별한 책임이 있기 때문입니다."*

과학자의 사회적 의무

벡위드는 1969년 자신의 연구를 자기비판하고 나서 이른바 '급진 과학 운동'으로 불리는 흐름을 주도합니다. 단체 이름부터 그 성격을 명확히 알 수 있는 '민중을 위한 과학Science for the People'은 그의 활동 근거지였습니다. 특히 그는 이때부터 "인간의 의미와 관계된 질문"을 다루는 과학의 위험을 폭로하는 데 주력합니다.

역사는 인간의 사회적 삶의 양태를 설명하고자 유전학적 또는 진화론적 틀을 발전시키려 했던 시도들이 반복되어왔음을 목격했고, 앞으로도 계속해서 목격하게 될 것이다. 그 분야에 어떤 이름이 붙든 간에, 그 이론들이 자신들도 [……] 사회적 인간일 뿐인 과학자들에 의해 구축된다는 피치 못할 혼란스러움은 여전히 남는다.
과학자들은 자신들의 연구 방향, 자료 해석의 방향, 그리고 결론의 방향을 물들이는 일련의 개인적인 가정들을 불가피하게 수반한다.

* 존 벡위드, 『과학과 사회운동 사이에서』, 이영희·김동광·김명진 옮김, 그린비, 2009, 96~97쪽.

> 지능, 이타주의, 그리고 범죄성과 같은 인간의 사회적 특성과 행동들에 대한 정의 자체는 정의하는 자의 사회적 또는 정치적 관점에 따라 달라진다. 〔……〕 과학자들은 자신의 과학이 인간의 의미와 관계된 질문들을 다룰 때는 특히 주의해야 한다. 그들은 정치적 장 안으로 들어간 것이다.*

1970년대 들어서 에드워드 윌슨Edward O. Wilson(1929~)의 『사회생물학*Sociobiology*』, 리처드 도킨스의 『이기적 유전자』 같은 책들이 대중의 각광을 받기 시작했습니다. 유전자, 세포, 뇌를 통해서 인간의 의미를 규정하려는 이들의 시도는 40년이 지난 오늘날까지 계속해서 이어지고 있습니다. 그런데 벡위드는 처음부터 이런 흐름과 선을 그었습니다.

과학자는 정치적·경제적·사회적·문화적 조건으로부터 결코 자유롭지 못합니다. 자기도 모르게 특정한 편견에 사로잡혀 있을 가능성이 큽니다. 그런 과학자가 유전자, 세포, 뇌를 내세우며 과학의 이름으로 인간의 의미를 연구할 때, 그것은 또 다른 심각한 문제를 낳을 수도 있습니다.

예를 들어 '여성을 성폭행하는 것은 손쉽게 자손을 번식하려는 남성의 본성'이라는 주장을 한 과학자가 있습니다. 실제로 미국 뉴멕시코 대학교 교수 랜디 손힐 등은 이런 주장을 담은

* 같은 책, 209~210쪽.

『강간의 자연사*A Natural History of Rape*』(2000, 국내 미출간)라는 책까지 펴냈습니다. 그런데 이런 주장을 과연 과학으로 받아들일 수 있을까요?(참고로 손힐 교수는 '백인' '남성'입니다.)

그래서 벡위드는 이런 문제를 놓고 과학자가 좀더 목소리를 높일 것을 주장합니다. 과학자는 그가 그랬던 것처럼 위험한 사회적 결과들을 초래할 수도 있는 주장을 공개적으로 바로잡고자 노력할 의무가 있기 때문입니다. 그가 같은 하버드 대학교의 동료 윌슨 교수를 신랄하게 비판하며 나섰던 것도 이 때문이고요.

과학자가 꿈이라면, 이 책을 추천합니다

『과학과 사회운동 사이에서』는 이 밖에도 수많은 생각할 거리를 던져줍니다. 예를 들면 과학자가 과연 과학 연구와 사회 운동을 성공적으로 병행하는 게 가능할까요? 벡위드는 극히 예외적인 경우가 아닐까요? 이런 생각을 가질 법한 친구들이 있을 수 있겠죠. 이 질문은 벡위드를 평생 따라다녔던 질문이기도 합니다. 그의 삶은 이 질문에 대한 답변이라고 볼 수도 있습니다.

이 책은 과학과 사회의 관계에 관심이 있는 이들이라면 누구나 읽어야 할 책입니다. 평소 과학자를 꿈꾸는 고등학생, 또 과학자가 되려고 본격적인 훈련을 받고 있는 대학(원)생을 만날 때마다 이 책을 꼭 한번 읽어볼 것을 권하곤 했습니다. 과학자를 꿈꾸는 친구들 가운데 이 책을 읽고서 머리를 한 대 맞은 듯 한 충격을 받을 사람이 있을지도 모르겠습니다.

가령 벡위드의 다음과 같은 주장에 여러분은 동의하시나요? 답이 긍정이든, 부정이든 이 책부터 읽고 판단하십시오.

> 나는 우리 과학자들이 하는 일을 사랑하며 이 점에서 과학이 뭔가 줄 것이 있다고 믿지만, 과학의 힘에 대해서는 덜 오만한 태도를 선호한다. 우리는 과학이 할 수 있는 일과 할 수 없는 일에 대해 좀더 겸손해야 하며, 과학의 객관성을 지나치게 강조하거나 과학을 사회 문제들에 대한 유일한 해결책으로 선언하는 일이 없도록 해야 한다.
> 우리는 나의 과학 영웅인 프랑수아 자코브의 현명하게 절제된 표현을 명심해야 한다. "과학은 모든 질문에 답할 수 없다. 그러나 과학이 어느 정도의 지침을 제공하고 특정한 가설을 제외시킬 수는 있다. 과학의 추구에 관여하는 것은 우리가 실수를 덜 하도록 도와줄 수 있다. 이것은 일종의 도박이다." 이 정도면 나를 만족시키기엔 충분하다.•

• 같은 책, 290쪽.

과학 고전
엮어 읽기

68 혁명, 불가능을 요구하라

1960년대 전 세계를 휩쓸었던 이른바 '68 혁명'을 살펴보는 일은 정말로 가슴이 콩닥콩닥 뛰는 일입니다. 고등학생 친구와 비슷한 또래 혹은 기껏해야 대학생 또래의 젊은이들이 세계 곳곳에서 세상을 바꾸는 대활약을 했으니까요. 그 전개 과정을 소개하는 책은 여러 권이 있습니다. 딱 한 권으로 68 혁명을 알고자 하는 이라면 이성재의 『68 운동』이나 잉그리트 길혀-홀타이의 『68운동*Die 68er Bewegung*』(2001), 『68 혁명, 세계를 뒤흔든 상상력*1968: Eine Zeitreise*』(2008)이 도움이 됩니다. 그러나 그 시대 속으로 빠지려면 타리크 알리의 『1960년대 자서전*Street Fighting Years*』(1987)을 읽는 것이 가장 좋은 방법입니다.

더 읽어봅시다!

타리크 알리, 『1960년대 자서전』, 안효상 옮김, 책과함께, 2008.
타리크 알리·수전 앨리스 왓킨스, 『1968—희망의 시절 분노의 나날』, 안찬수·강정석 옮김, 삼인, 2001.
잉그리트 길혀-홀타이, 『68혁명, 세계를 뒤흔든 상상력』, 정대성 옮김, 창비, 2009.
이성재, 『68 운동』, 책세상, 2009.
켈리 무어, 『과학을 뒤흔들다』, 김명진 · 김병윤 옮김, 이매진, 2016.

• 청소년들이 꼭 읽어야 할 책 •

노래하는 봄은 아직도 오지 않았다

『침묵의 봄』
레이철 카슨

인류를 구원해주는 줄만 알았던 DDT의 실체를 알린 것은 한 과학책이었다.
『침묵의 봄』은 DDT가 생태계에 연쇄적으로 끼치는 악영향을
추적함으로써 전 세계 환경 운동의 새로운 장을 열었다.
하지만 이 책의 출간을 모두 반긴 것은 아니었다.
『침묵의 봄』을 읽으며, 환경을 지키는 것이 우리의 생존과 직결된
지금 과학의 역할이 무엇일지를 함께 고민해보자.

화학물질이 위험해!

1992년 세상은 충격에 빠졌습니다. 인간이 더 이상 번식을 하지 못하는 생식 불능 상태에 빠질 수 있음을 경고하는 연구 결과가 발표되었기 때문입니다. 덴마크의 의사 닐스 스카케벡은 1938년부터 1990년까지 남성의 정자 수가 거의 절반으로(1밀리리터당 1억 1,300만 개에서 6,600만 개로) 감소한 사실을 세상에 알렸습니다.

스카케벡의 연구를 접한 일군의 동물학자도 고개를 끄덕였죠. 이미 야생 동물의 상당수가 번식에 문제가 생겼기 때문입니다. 많은 새가 알껍데기가 얇아지면서 알을 품을 수 없는 상황에 처했습니다. 심지어 미국 플로리다 주에서는 악어 수컷 생식기의 크기가 비정상적으로 작아서 악어가 더 이상 교배를 하지 못해 개체수가 줄어드는 일까지 나타나고 있었습니다.

이런 사실은 최초의 합성 에스트로겐(여성 호르몬)의 비극과도 겹쳤습니다. 몸속에 들어가면 여성 호르몬과 같은 반응을 일으키는 DESdiethylstilbestrol를 임신 중에 처방받은 여성이 낳은 아들 딸에게서 생식기 기형, (아들의 경우에는) 정자 수 감소 같은 일이 나타나 여럿을 고통에 빠트린 일이 있었으니까요.

하지만 세계 곳곳에서 이렇게 심상치 않은 일이 계속되는데도 정작 뾰족한 답을 내놓은 사람은 없었습니다. 1996년 테오 콜본Theo Colborn(1927~2014)이 『도둑 맞은 미래*Our Stolen Future*』를 펴내고 나서야 세상 사람은 이 모든 문제의 중심에 화학물질, 특히 몸속으로 들어가 호르몬처럼 기능하는 '내분비계 교란 물질endocrine disruptor'이 있었음을 알게 되죠.

흔히 '환경 호르몬'이라고 부르는 이 화학물질의 치명적인 위험을 경고한 콜본은 흔히 또 다른 여성 과학자 레이철 카슨Rachel Carson(1907~1964)과 비교되곤 합니다. 『도둑 맞은 미래』보다 한 세대 먼저 세상에 나온 카슨의 『침묵의 봄*The Silent Spring*』(1962)이 바로 화학물질의 위험을 최초로 경고한 기념비적인 책이기 때문이죠.

DDT, 세상을 구하다?

1939년 스위스의 과학자 파울 뮐러Paul Müller(1899~1965)는 오스트리아의 한 과학자가 1873년에 처음으로 합성한 DDTdichloro-diphenyltrichloroethane의 남다른 살충 효과를 발견합니다. DDT는 곤충을 죽이는 데는 효과적이지만, (사람을 포함한) 가축이나 식물에게는 독성이 거의 없는 것처럼 보였습니다. 값도 싸고 냄새도 심하지 않았죠. 게다가 그 효과도 아주 오랫동안 지속되었습니다.

뮐러가 소속된 회사 가이기Geigy는 1940년 잽싸게 특허를 내고, 1942년부터 DDT를 살충제로 판매하기 시작했습니다. 처음에는 모든 것이 더할 나위 없이 좋았습니다. DDT의 효과는 경이로웠습니다. 제2차 세계대전이 한창이던 1943년 12월 연합군이 점령 중이던 이탈리아 나폴리에서 막 창궐하기 시작한 발진티푸스도, 이 병을 옮기던 이를 DDT로 진압해 종식시켰습니다.

DDT는 특히 인류의 천적인 모기에게 곧바로 효과를 보였죠. 태평양 전쟁이 한창이던 동남아시아의 열대 우림 지역에서 DDT는 말라리아를 옮기는 모기를 죽이는 데 큰 역할을 했습니다. DDT가 막 세상에 등장한 1943년 베네수엘라에서는 말라리아 환자가 800만 명 이상 발생했지만, 15년 후에는 그 숫자가 불과 800명으로 줄었습니다. 모두 DDT 덕분이었습니다.

세계보건기구WHO는 DDT 덕분에 말라리아로부터 5,000만~1억 명의 인명을 구했다고 평가합니다. 세계는 이런 DDT의 경이로운 효과에 경탄하며 1948년 수많은 시민의 목숨을 구한 공로를 인정해 뮐러에게 노벨생리의학상을 줍니다. 그러니 DDT는 일찌감치 노벨상을 받은 화학물질이었습니다.

전쟁이 끝나고 나서, DDT는 모기 외에도 여러 곤충을 잡는 데 쓰이기 시작하죠. 특히 미국에서는 DDT와 같은 합성 살충제를 이용해서 농작물을 갉아먹고 사람을 괴롭히는 해충을 '박멸'

하는 것이 시대의 대세로 여겨집니다. 미국이 DDT의 도움을 받아서 제2차 세계대전에서 승리했듯이, 곤충과의 전쟁 역시 승리를 할 것이라는 낙관론이 우세했죠.

레이철 카슨이 있었다

바로 그 시점에 DDT에 의혹의 시선을 보내는 한 여성 과학자가 있었습니다. 바로 레이철 카슨이었죠. 카슨은 1945년 미국 어류 및 야생 동물 관리국U.S. Fish and Wildlife Service에서 근무하던 중에 DDT를 처음으로 접했습니다. DDT는 그해 8월 6일과 9일에 일본 히로시마와 나가사키에 떨어진 핵폭탄에 빗대 '곤충 폭탄insect bomb'으로 불리며 대중의 관심을 한창 끌고 있었죠.

카슨은 바로 그즈음(1945년 7월)에 DDT가 곤충, 더 나아가 야생 생물 전체에게 해를 끼칠 가능성을 경고하는 글을 『리더스 다이제스트』에 투고했다가 거부당했습니다. 이 잡지는 카슨의 글을 실으면 DDT와 같은 합성 살충제를 생산하는 화학 회사로부터 광고가 끊길 것을 두려워했죠.

카슨은 잠시 이 문제를 미뤄둡니다. 왜냐하면, 평생 준비해온 중요한 일부터 끝내야 했기 때문이죠. 카슨은 그 시점에 해양 생태계를 다룬 두번째 책을 준비하는 데 한창이었습니다. 그가 1941년에 펴낸 첫 책 『해풍 아래서*Under the Sea World*』는 좋은 평가를 받았음에도 불구하고, 곧바로 시작된 태평양 전쟁 탓에 금세 잊혔죠.

1936년부터 정부 기구에서 과학자로 일하던 카슨에게 글쓰기는 또 다른 삶이었습니다. 그는 열 살 때부터 어린이 잡지에 자신이 쓴 글을 싣고 고료를 받을 정도로 작가로서의 재능이 있었습니다. 처음에는 대학에서도 작가가 되고자 영문학을 전공했죠. 우연히 생물학 강의를 듣고서 3학년 때부터 전공을 생물학으로 바꿨지만요.

카슨은 가족의 생계 때문에 생물학 박사 학위를 끝내지 못하고 정부 기구에 취업하면서도, 또 그곳에서 격무에 시달리면서도 글쓰기를 놓지 않았습니다. 틈틈이 잡지에 기고한 글을 묶어서 『해풍 아래서』를 펴낸 것도 작가로서의 꿈을 이루기 위해서였죠. 1945년 운 좋게도 카슨은 좀더 집필에 집중할 수 있는 자리로 옮기게 되었고, 두번째 책을 내는 데 몰두합니다.

이런 과정을 통해서 등장한 『우리를 둘러싼 바다*The Sea Around Us*』(1951)는 대성공을 거둡니다. 이 책은 출간 후 『뉴욕 타임스』 베스트셀러 목록에 무려 86주나 올랐으며, 미국에서만 100만 부 이상이 팔렸습니다. 카슨은 16년 동안 몸담았던 직장을 그만두고 1952년부터 아예 전업 작가로 나서서 『바다의 가장자리*The Edge of the Sea*』(1955)를 펴냅니다.

카슨은 이제 잠시 미뤄뒀던 DDT로 다시 눈길을 돌립니다. 마침 1957~1958년 미국 농무부는 남부 지역의 불개미를 박멸하기 위해서 DDT와 그보다 독성이 강한 살충제를 공중 살포하기 시작했습니다. 1957년에는 북부 해안 지역에 모기를 박멸한다

▲ 1955년 비행기 한 대가 미국 오리건 주 상공에서 DDT를 살포하고 있다.

며 DDT를 살포했죠. 이런 모습을 보면서 카슨은 결심합니다. '시간이 없어!'

"봄은 왔는데 침묵만이 감돌았다"

이미 DDT가 초래할 재앙이 시작되고 있었습니다. 우선 곤충의 복수가 시작되었죠. 모기, 파리 같은 곤충이 DDT에 내성이 생겼습니다. 일단 내성이 생긴 모기, 파리는 무서울 게 없었습니다. 왜냐하면, DDT가 모기, 파리를 잡아먹는 천적까지 죽여 버렸기 때문이죠. 결국 DDT보다 더 독한 새로운 살충제를 뿌릴 수밖에 없었죠.

DDT와 그보다 독한 새로운 살충제를 자연에 뿌려대기 시작하자 또 다른 문제가 발생했습니다. 살충제가 모기, 파리와 같은 해충뿐만 아니라 벌 같은 익충, 새, 물고기와 같은 야생 동물, 더 나아가 개, 고양이 같은 애완동물까지 희생양으로 삼은 것이죠. 이런 모습을 본 사람들은 뭔가 심각한 일이 벌어지고 있지는 않은지 불안해하기 시작했습니다.

1958년부터 1962년까지 4년에 걸쳐서 카슨은 DDT가 초래할 이 모든 문제를 파헤치기 시작합니다. 합성 살충제와 같은 화학 물질이 환경, 인체에 끼칠 수 있는 위험을 경고한 수많은 연구를 종합하고, 나름의 분석과 대안을 제시한 것이죠. 카슨은 이렇게 쓴 글의 일부를 1962년 6월부터 『뉴요커』에 기고합니다. 그리고 마침내 그해 9월 『침묵의 봄』이 출간됩니다.

낯선 정적이 감돌았다. 그처럼 즐겁게 재잘거리던 새들은 도대체 어디로 가버린 것일까? 이런 상황에 놀란 마을 사람들은 자취를 감춘 새에 관하여 이야기를 했다. 새들이 모이를 쪼아 먹던 뒷마당은 버림받은 듯 쓸쓸했다. 주변에서 볼 수 있는 단 몇 마리의 새조차 다 죽어 가는 듯 격하게 몸을 떨었고 날지도 못했다. 봄은 왔는데 침묵만이 감돌았다. 전에는 아침이면 울새, 검정지빠귀, 산비둘기, 어치, 굴뚝새를 비롯한 여러 가지 새들의 합창이 울려 퍼지곤 했는데 이제는 아무런 소리도 들리지 않았다. 저 들판과 숲과 습지에 오직 침묵만이 감돌았다.*

봄이 왔는데도 무서운 침묵만이 감도는 무서운 묘사로 시작하는 『침묵의 봄』은 격렬한 반응을 불러일으켰습니다. 곧바로 60만 부가 팔리며 베스트셀러 1위가 되었지만, 농무부-화학 회사-대학의 과학자 등은 한 몸이 되어서 카슨을 공격하기 시작했죠. 카슨은 『침묵의 봄』에서 이들을 살충제의 위험을 은폐한 당사자로 지목했었죠.

미국 전 농무부 장관 에즈라 벤슨은 카슨이 "공산주의자일 것"이라고 공격했고, 과학계는 "박사 학위도 없는 여자"이자 "대학 교수도 아닌" 카슨이 어쭙잖게 살충제의 위험을 논하고 더 나아가 자기들을 화학 회사의 앞잡이로 몰아붙이는 데에 분노했습니다. 화학 산업의 광고를 의식한 『타임』 같은 언론도 "카슨이야말로 살충제보다 더 유독한 존재"라고 독설을 퍼부었죠.

화학 산업계는 한술 더 떠 엄청난 돈을 들여서 카슨의 주장을 반박하는 홍보 프로그램을 가동합니다. 몬샌토Monsanto 같은 화학 회사는 『침묵의 봄』을 패러디한 「황량한 시대The Desolate Year」(1962)를 찍어서, 살충제가 없어지면 해충이 들끓어 기아와 질병이 창궐하는 시대가 될 것이라고 주장했죠.

하지만 결국 카슨의 진실이 승리했습니다. 1963년 4월 3일 방송한 CBS의 다큐멘터리 「레이철 카슨의 침묵의 봄The Silent Spring of Rachel Carson」은 1,000만 명 이상이 시청하며 커다란 반향을 불러

● 레이철 카슨, 『침묵의 봄』, 김은령 옮김, 에코리브르, 2011, 26~27쪽.

일으켰습니다. 겸손하고 신중한 태도로 살충제의 위험을 경고하는 카슨의 모습은 시청자에게 강한 신뢰를 주었죠.

당시 존 F. 케네디 대통령(미국 제35대 대통령, 재임 기간 1961~1963)도 카슨에게 힘을 실어주었죠. 애초부터 카슨에게 호의적이었던 케네디 대통령의 '대통령과학자문회의'는 1963년 5월 15일 살충제의 위험을 놓고서 (조심스럽지만) 카슨의 손을 들어주는 보고서를 발표했습니다. 여론이 급반전하면서 화학 산업계의 눈치를 보던 언론도 카슨의 편으로 돌아서기 시작했죠(심지어 『타임』도 입장을 바꿨습니다).

하지만 정작 이 시점에 카슨은 죽어가고 있었습니다. 카슨은 이미 『침묵의 봄』을 집필하던 1960년부터 유방암을 앓고 있었습니다. 힘겨운 집필 과정, 그리고 책이 나오고 나서 진행된 격렬한 찬반 논쟁은 더욱더 그의 건강을 갉아먹었죠. 결국 그는 1964년 4월 14일 56세의 나이로 세상을 떠납니다.

끝나지 않은 '침묵의 봄'

카슨이 죽고 나서 몇 개월 후인 1964년 9월 3일, 미국에서는 처음으로 '야생보호법Wilderness Act'이 세상에 등장합니다. 1970년 4월 22일에는 미국에서 2,000만 명이 참여한 가운데 제1회 지구의 날 행사가 열렸고, 같은 해 12월 2일에는 환경 문제를 전담하는 연방 기구인 미국 환경보호청U.S. Environmental Protection Agency이 세상에 등장합니다.

미국 환경보호청은 설립과 동시에 DDT의 위험을 공론화해 결국 1972년 사용 금지 조치를 내립니다. 이 기관의 설립을 가능하게 한 카슨의 『침묵의 봄』에 사실상 경의를 표한 것이죠. 이렇게 『침묵의 봄』은 미국, 더 나아가 전 세계 환경 운동의 새로운 시작을 알리는 불멸의 고전이 되었습니다.

하지만 갈 길은 여전히 멉니다. 카슨 이후에도 수많은 화학물질이 새롭게 등장해 일상생활 깊숙이 들어왔습니다. 농촌에서는 여전히 수많은 살충제를 뿌리고, 일상생활에서는 그보다 더 많은 화학물질이 화장품, 향수, 비누, 방향제, 포장재 등 미용용품, 주방용품, 생활용품 등에 쓰이는 상황이죠.

『침묵의 봄』과 같이 화학물질의 위험을 경고하는 목소리가 계속해서 나올 수밖에 없는 이유는 바로 이 때문입니다. 아니나 다를까, 카슨이 『침묵의 봄』에서 살충제와 같은 화학물질이 암을 일으킬 가능성을 경고한 데 이어서 수십 년이 지난 후 콜본은 『도둑 맞은 미래』를 펴내 환경 호르몬과 같은 화학물질이 초래할 또 다른 위험을 경고했습니다.

앞으로 또 어떤 책이 나와서 화학물질의 위험을 경고할까요? 카슨이 꿈꿨던, 새들과 곤충이 사람과 어울려 노래하는 봄은 아직도 오지 않았습니다.

보통과는 달랐던 두 여성 과학자

1999년 테오 콜본은 '레이철 카슨 상'을 받았습니다. 그런데 콜본의 삶도 레이철 카슨만큼이나 흥미롭습니다. 콜본은 애초 약학대학을 졸업하고 나서 약국을 개업했다가, 1962년부터 콜로라도 주의 농장을 사들여 시골에서 20여 년을 보냅니다. 그의 나이 35세에 귀농을 한 셈입니다. 이렇게 농부로 살면서 그는 틈틈이 새를 관찰하고, 지역에서 환경 운동을 합니다.

콜본은 51세 되던 해에 대학원에서 석사 학위를 받고, 1985년 58세 되던 해에 위스콘신 대학교에서 동물학 박사 학위를 받습니다. 그가 이렇게 늦깎이 박사가 된 이유는 기가 막힙니다. 그는 환경 운동을 하면서 정부, 기업, 대학의 이른바 '전문가'로부터 늘 "박사 학위 없는 노인네"라고 무시를 당했거든요.

결과적으로 콜본은 자신이 환경 운동을 하면서 쌓은 지식을 대학에서 공부한 지식과 성공적으로 결합시켰습니다. 그리고 여기저기 널려 있던 여러 연구를 종합해 '내분비계 교란 물질' 즉 '환경 호르몬'의 위험을 정리하는 역할을 하게 됩니다. "박사 학위 없는" 농사짓고 환경 운동 하던 "노인네"가, 수많은 박사가 못 한 일을 해낸 것이죠.

카슨과 콜본의 모습에서 우리는 의미심장한 공통점을 찾을 수 있습니다. 두 여성 과학자는 모두 대학의 실험실보다는 야생의 현장에서 오랫동안 머물렀습니다. 카슨은 평소 야생 생물이 어떻게 사는지에 각별한 관심을 가졌고, 콜본 역시 농장에서 농사를 지으며 새를 관찰하는 것을 즐겼죠.

두 사람이 과학뿐만 아니라 다른 데 관심을 가진 것에도 주목하고 싶습니다. 카슨은 어렸을 때부터 문학을 통해서 인간과 인간, 인간과 자연의 교감에 눈을 떴습니다. 콜본은 농사를 짓고 환경 운동을 하면서 인간과 인간, 인간과 자연의 교감에 관심을 가지게 되었죠. 바로 이런 경험이야말로 두 사람을 통상의 과학자와는 '다른' 과학자로 만들었던 게 아닐까요?

더 읽어봅시다!

린다 리어, 『레이첼 카슨 평전』, 김홍옥 옮김, 샨티, 2004.
마리아 포포바, 『진리의 발견』, 지여울 옮김, 다른, 2020.
테오 콜본·다이앤 듀마노스키·존 피터슨 마이어, 『도둑 맞은 미래』, 권복규 옮김, 사이언스북스, 1997.

• 청소년들이 꼭 읽어야 할 책 •

'흙수저'가 유인원을 만났을 때

『유인원과의 산책』
사이 몽고메리

『유인원과의 산책』은 세 여성 과학자가 아프리카와
보르네오 섬 정글에서 오랜 세월 동안 유인원을 관찰하고,
양육하고 보호하며 일군 학문적 업적과 열정을 기록한 책이다.
유인원과 함께 생활하며 연구에 온 힘을 쏟은 제인 구달, 다이앤 포시, 비루테 갈디카스.
20세기의 가장 특별한 과학자로 손꼽히는 이들의 열정적인 삶을 따라가보자.

유인원과의 첫 만남

1960년 7월 6일, 아프리카 탄자니아의 곰베에 앳된 얼굴의 금발 여성 한 명이 내렸습니다. 그는 그곳에서 '3년 정도' 침팬지를 연구할 예정이었어요. 놀랍게도 그는 박사 학위는커녕 석사 학위도 없었습니다(심지어 비서 학교 출신이었죠). 어렸을 때부터 『정글 북』을 좋아했던 그는 침팬지와의 만남이 마냥 흥분될 뿐이었습니다. 그는 바로 제인 구달Jane Goodall(1934~)이었습니다.

그로부터 7년 후인 1967년 1월 15일, 아프리카 콩고민주공화국의 카바라 초원에 여성 한 명이 홀로 남겨졌습니다. 의붓아버지에게 정신적 학대를 받으면서 불우한 어린 시절을 보냈던 그는 이제 평생을 같이할 새로운 가족을 만날 준비를 하고 있었어요. 바로 마운틴고릴라 연구에 자신의 삶을 걸기로 한 거예요. 35세의 그는 다이앤 포시Dian Fossey(1932~1985)였습니다.

25세의 비루테 갈디카스Biruté Galdikas(1946~)가 결혼한 지 2년 된 남편의 손을 잡고서 인도네시아 보르네오 섬 탄중푸팅 숲에

도착한 때는 1971년이었습니다. 밀림이 싫었던 남편은 인도네시아 여성과 눈이 맞아 7년 만에 떠나버렸습니다. "당신은 나와 오랑우탄 중에서 오랑우탄을 더 사랑한다"는 말을 남기며 세 살짜리 아이까지 데리고 말이죠. 그의 곁에는 정말로 오랑우탄만 남았습니다.

침팬지와 구달, 고릴라와 포시, 오랑우탄과 갈디카스는 20세기의 가장 특별한 과학자와 그 친구입니다. 우리는 이 세 과학자 덕분에 인간의 정의를 다시 한번 쓸 수밖에 없었고, 그동안 상식처럼 여겨졌던 과학 연구의 방법을 바꿔야 했으며, 급기야 유인원類人猿 등 다른 종을 비롯한 자연과 인간의 관계를 재고하게 되었습니다.

각각 영화 한 편, 소설 한 편으로도 모자란 이 세 과학자와 친구 이야기를 한 번에 만날 수 있는 가장 좋은 방법은 사이 몽고메리Sy Montgomery(1958~)의 『유인원과의 산책*Walking with the Great Apes*』(1991)을 읽는 것입니다. 저자는 이 책을 통해 가진 것이라곤 열정밖에 없었던, 시쳇말로 '흙수저'였던 이들이 어떻게 세상을 바꾸는 과학자로 성장할 수 있었는지를 감동적으로 보여줍니다.

제인 구달, 인간의 정의를 바꾸다

구달은 침팬지를 관찰한 지 다섯 달 만에 두 가지 중요한 발견을 합니다. 첫번째, 그는 침팬지가 대형 포유류를 사냥해 잡아먹는 육식동물 뺨치는 잡식동물이라는 사실을 눈으로 직접 확인했습니다. 그전까지 과학자를 비롯한 세상 사람은 침팬지가 바나나나 좋아하는 초식동물이라고 생각했죠(침팬지의 포악함을 놓고는 구달 이후로 수많은 연구가 이뤄졌습니다).

두번째 발견은 더욱더 중요합니다. 구달은 침팬지가 흰개미 둥지에 긴 식물 줄기를 밀어 넣고, 거기에 묻어 나온 흰개미를 맛있게 먹는 모습을 확인했습니다. 그들은 심지어 효율성을 높이고자 나뭇잎을 떼어내며 정성껏 작은 가지를 다듬기까지 했어요. 인간의 정의 가운데 하나였던 '호모 파베르Homo faber,' 즉 '도구를 사용하는 인간' 신화가 깨지는 순간이었죠.

이 소식을 전해 듣고 이 세 과학자의 스승 루이스 리키Louis Leakey(1903~1972)는 이렇게 답장을 썼습니다. 널리 인용되는 그의 반응은 다음과 같습니다.

> 나는 이런 정의('인간은 도구를 사용하는 동물이다')를 고수하는 과학자들이 이제 다음의 세 가지 가운데 하나를 선택하지 않을 수 없는 상황에 직면했다고 생각한다. 인간을 다시 정의하든가, 도구를 다시 정의하든가, 정의상 침팬지를 인간으로 받아들이든가……

다이앤 포시, 밀림의 전사가 되다

콩고민주공화국에서 내전이 일어나 고릴라 연구가 어렵게 되자, 포시는 이웃 나라 르완다로 자리를 옮겼습니다. 평소 사치를 좋아하고, 따르는 남자가 많았던 그는 르완다에서 자신의 열정이 다른 곳으로 향하고 있음을 발견했어요. 포시는 자신의 연구 대상이자 새로운 친구인 마운틴고릴라와 사랑에 빠졌죠.

어쩌면 당연한 일이었습니다. 어렸을 때부터 그는 항상 외로웠거든요. 부모의 이혼으로 친아버지가 자신을 떠난 뒤에 포시는 외톨이로 남았습니다. 의붓아버지는 그를 가족의 구성원으로 인정하지 않았고, 어머니도 남편 눈치만 보면서 포시에게 사랑을 주지 않았으니까요. 그랬던 그에게 고릴라 사회는 경이로웠습니다.

「킹콩」의 이미지로 알 수 있듯이, 야만성과 잔인함의 상징처럼 여겨져온 고릴라는 사실 영장류 가운데 가족애가 가장 강합니다. 한 고릴라 집단은 함께 걷고, 함께 먹고, 함께 놉니다. 성숙한 고릴라는 자기 가족을 방어하고자 목숨을 내놓고 싸울 정도죠. 밀렵꾼이 동물원에 매매할 목적으로 고릴라 새끼 한 마리를 얻으려면 그 가족 모두를 죽여야 하는 것도 이 때문이에요.

고릴라를 연구할수록 포시의 관심사는 다른 곳으로 향했습니다. 그는 연구도 중요하지만, 밀렵꾼을 비롯한 수많은 적으로부터 자신의 친구이자 새로운 가족을 지키는 일이 더 중요하다는 절박한 인식을 하게 됩니다. 포시는 고릴라에 대한 논문을 쓰는 대신 고릴라를 위협하는 덫을 찾아 숲을 순찰하고, 밀렵꾼의 밀렵 도구를 못 쓰게 망가뜨리기 시작했습니다.

180센티미터의 훤칠한 키에 "흑발의 미모를 자랑"했던 그는 차츰 '밀림의 전사'로 거듭났습니다. 포시의 가장 가까운 친구는 "따뜻하고 온화한 은갈색 눈"을 가진 고릴라 '디지트'였어요. 1977년 12월 31일, 그 디지트가 머리와 손을 난도질당한 채 살해되자 포시는 가족을 잃은 것만큼이나 슬퍼했습니다. 몇 년이 지나고 나서도 그는 일기장 한 바닥을 오직 한 단어로 채웠죠. "디지트, 디지트, 디지트, 디지트, 디지트……"

비루테 갈디카스, 인도네시아인이 되다

구달과 포시의 뒤를 따라서 오랑우탄과의 삶을 시작한 갈디카스는 선배들과 달랐습니다. 비서 학교(구달), 물리 치료사(포시) 출신이었던 두 선배와는 달리 그는 대학교에서 자료 수집, 통계 기법 등 과학자로서의 기본적인 훈련을 받았습니다. 갈디카스는 오랑우탄 연구에서 이런 자신의 장점을 십분 활용했죠.

하지만 오랑우탄을 연구하는 일은 침팬지, 고릴라를 연구하는 일보다 훨씬 더 어려웠습니다. 다 자란 오랑우탄은 어떤 유인원보다도 외로운 동물이에요. 오랑우탄은 교미하거나 새끼를 돌볼 때를 제외하고는 나무에서 혼자서 지내는 경우가 대부분이죠. 성년 암컷은 다른 야생 오랑우탄과 단 한 번도 만나지 않은 채 한 달 이상 지내기도 합니다.

이렇게 외로운 동물이다 보니, 오랑우탄을 야생에서 연구하는 일은 불가능에 가까웠습니다. 갈디카스 이전에도 몇몇이 오랑우탄을 관찰했지만 번번이 실패했죠. 누구도 오랑우탄이 교미 상대를 어떻게 선택하고, 새끼를 어떻게 낳아서 어떻게 돌보고 또 서로 어떻게 싸우는지를 목격조차 하지 못했습니다.

그는 7년간 불가능하다고 여겨졌던 이 모든 일을 해냈습니다(그 과정에서 갈디카스는 수컷 오랑우탄이 암컷을 강간하고, 심지어 인간 여성도 공격할 수 있다는 사실까지 확인했죠). 그의 오랑우탄 연구 덕분에 인류는 비로소 인간의 조상이 나무에서 살았을 때, 그 모습이 어땠을지 확인할 수 있었습니다.

갈디카스는 300쪽이 넘는 박사 학위 논문에 이 모든 걸 기록했습니다. 수많은 과학자는 이 논문이 "기념비적"이라고 극찬했어요. 갈디카스의 선배이자 친구인 구달은 "그가 수집한 논문 자료는 그의 현장 연구만큼이나 빼어나다"고 칭찬했죠. 이제 마음만 먹는다면, 갈디카스는 세계 최고 수준의 대학교에서 자리를 잡고 오랑우탄 대신 인간의 칭송을 받을 수 있었습니다.

하지만 그는 반대의 길을 걸었습니다. 백인 남편이 떠나고 나서 2년 뒤, 갈디카스는 현지 원주민 팍 보합과 재혼했습니다. 그들은 아들과 딸도 낳았어요(딸의 이름은 구달과 같은 '제인'입니다). 지금 팍 보합은 갈디카스와 함께 오랑우탄을 보호하는 일을 맡고 있어요. 이뿐만이 아니에요. 갈디카스는 영주권을 얻어서 사실상 인도네시아인이 되었고, 인도네시아의 대학교에서 인도네시아 학생을 지도하기도 했습니다.

포시의 죽음, 그 후

침팬지, 고릴라, 오랑우탄과의 교감은 결국 이 셋을 연구에서 동물 보호 운동으로 이끌었습니다. 짐작했겠지만, 가장 먼저 행동한 이는 포시였어요. 사랑하는 고릴라가 희생당하는 데 분노한 그는 극단적인 대응을 서슴지 않았습니다. 거기에는 밀렵을 순찰하는 이들에게 자금을 지원하고, 밀렵꾼을 잡아서 고문하고, 심지어 그들의 아이를 납치하는 일 따위가 포함되었죠.

거대한 낫을 든 포시는 자신의 고릴라 보호 운동이 일종의 '전쟁'이라고 생각했어요. 그는 점점 더 과격해졌습니다. 포시의 제자를 비롯한 여럿이 떠나갔고, 그를 소중한 친구로 생각했던 구달마저도 포시를 공공연하게 옹호하지 못하는 상황까지 치달았죠. 그리고 결국 이 모든 일은 최악의 비극으로 끝났습니다.

1985년 12월 26일, 크리스마스 다음 날 포시는 참혹한 모습으로 손도끼에 살해된 채 그의 움막에서 발견되었어요. 두개골은 이마에서부터 입술 가장자리까지 박살이 나 있는 상태였죠. 포시는 친구 디지트를 포함한 고릴라 15마리의 무덤 옆에 묻혔습니다. 그의 묘비는 이렇게 새겨졌어요. "누구도 그대만큼 고릴라를 사랑하지는 못했네."

포시가 낫을 들었다면 구달은 마이크를 들었습니다. 동물 보호 단체의 집요한 요청에도 불구하고 선뜻 나서지 않았던 구달은 1986년부터 본격적으로 침팬지 보호 운동에 나섰습니다(포

ⓒ Zinkiol/wiki

▲ 다이앤 포시의 묘. 왼편으로는 디지트를 비롯해 고릴라들의 무덤이 자리하고 있다.

시가 1985년 12월 26일 살해당한 일도 이런 변화에 영향을 주었을까요?). 구달은 전 세계를 다니며 순회강연을 함으로써 침팬지 보호 운동을 이끌었습니다.

특히 구달은 야생 침팬지뿐만 아니라 동물원에 갇혀 있는 침팬지, 더 나아가 동물 실험 대상으로 쓰이는 침팬지의 보호에 앞장섰어요. 침팬지에서 생물종 다양성 보호 운동까지 확장된 그의 활동 덕분에, 구달은 성공한 과학자 가운데 가장 영향력 있는 환경 운동가로 꼽히며 칭송받고 있죠.

구달이 전 세계 언론의 주목을 받으며 동물 보호 운동에 나설 때, 역설적으로 갈디카스는 언론의 관심에서 멀어졌습니다. 갈디카스는 낫(포시)이나 마이크(구달)를 든 선배들과 달리 '차'를 마시는 전략을 선택했습니다. 사실상 인도네시아인이 된 갈디카스는 열대 우림 파괴 때문에 서식지를 잃는 오랑우탄을 위해 인도네시아 권력층과 인도네시아 사람들의 마음을 움직이고자 했죠.

결국 그는 1982년 자신이 오랑우탄을 연구한 보르네오 섬 탄중푸팅 숲을 국립공원으로 만들었습니다. 그리고 갈디카스는 인도네시아에서 가장 유명하고 또 가장 존경받는 과학자로서의 명성과 지위를 활용해 지금까지 오랑우탄을 비롯한 인도네시아 열대 우림의 종 다양성을 보호하는 핵심적인 역할을 하고 있죠.

인류에게 공존이라는 희망을!

초기 인류의 뼈를 발견한 공로로 세계적인 명성을 얻은 고고학자 루이스 리키가 제인 구달, 다이앤 포시, 비루테 갈디카스를 침팬지, 고릴라, 오랑우탄 연구자로 결정하고 후원하기 시작했을 때, 대부분의 과학자는 비웃었습니다. 심지어 리키가 "망령이 나서" 그 무서운 곳에 아무런 준비도 되지 않은 젊은 여성을 보낸다는 비판까지 있었죠.

하지만 그는 남성이 아닌 여성 과학자가 교감을 전제로 하는 침팬지, 고릴라, 오랑우탄 연구에 오히려 적합하리라고 판단했어요. 그리고 이런 리키의 통찰은 100퍼센트 적중했죠. 구달, 포시, 갈디카스는 그전의 과학자가 감히 하지 못한 과학 방법의 혁신—연구 대상과의 교감!—을 통해서 미지에 싸인 인간의 사촌 유인원의 정체를 해명했습니다.

물론 지금까지도 이 세 과학자가 연구 대상에게 제각각 이름을 붙여주고, 친구 심지어 연인이나 자식과 같은 교감을 나누는 것이 과연 올바른 방식이었는지를 놓고는 논란이 있어요. 포시가 극단적인 동물 보호 운동을 한 것은 물론이고, 구달이 적극적으로 개입한 것(아픈 침팬지에게 항생제를 주는 일)이나 갈디카스가 사육된 오랑우탄을 자연으로 복귀시킨 것 등은 여전히 비판을 받습니다.

하지만 구달, 포시, 갈디카스와 침팬지, 고릴라, 오랑우탄의 이야기는 언제 접해도 감동적입니다. 인류가 지구를 공유하는 또 다른 이웃인 다른 종과 과연 어울려서 살아갈 수 있을까요? 이 세 여성 과학자는 그 질문에 대한 가장 긍정적인 답변을 온 삶을 통해서 보여주었습니다.

구달, 포시, 갈디카스를 잊지 않으려면

『유인원과의 산책』을 읽고 나서는 구달과 포시 등이 직접 쓴 자전적인 책도 읽어보길 권합니다. 구달이 곰베에서 침팬지와 보냈던 첫 10년을 정리한 『인간의 그늘에서』는 침팬지 연구의 고전일 뿐만 아니라, 감동적인 에세이예요.

포시의 『안개 속의 고릴라*Gorillas in the Mist*』(1983)는 15년간의 고릴라 연구가 빼곡히 담겨 있는 책입니다. 이 책을 통해 우리는 포시와 디지트 사이의 교감의 실체도 알 수 있답니다. 이 책을 읽고 나서는 비극적으로 죽은 그의 삶을 시고니 위버 주연의 영화로 만든 「정글 속의 고릴라」(1988)도 감상해보기 바랍니다.

갈디카스는 어느 순간부터 세계 언론으로부터 잊혔어요. 그가 영어로 글을 쓰지 않고, 더 나아가 영어를 쓰는 제자보다 인도네시아어를 쓰는 제자를 선호했기 때문이에요. 그런데 영어로 쓰여야만 전 세계인과 소통할 수 있는 이런 현실이야말로 또 다른 문제가 아닐까요? 갈디카스는 온몸으로 그런 현실에 저항 중일지도 모릅니다.

다만, 갈디카스가 1996년에 펴낸 『에덴의 성찰*Reflections of Eden*』을 통해서 그가 오랑우탄과의 삶을 선택한 이유를 확인할 수 있습니다. 1996년 '에덴의 벌거숭이들'이라는 제목으로 국내에도 소개된 이 책은 현재 서점에서 구할 수 없습니다.

더 읽어봅시다!

제인 구달, 『인간의 그늘에서』, 최재천·이상임 옮김, 사이언스북스, 2005.
다이앤 포시, 『안개 속의 고릴라』, 최재천·남현영 옮김, 승산, 2007.
사이 몽고메리, 『문어의 영혼』, 최로미 옮김, 글항아리, 2017.
사이 몽고메리, 『돼지의 추억』, 이종인 옮김, 세종서적, 2009.

• 청소년들이 꼭 읽어야 할 책 •

『코스모스』를 읽을 시간

『코스모스』
칼 세이건

『코스모스』는 미국 천문학자 칼 세이건의 대표작으로,
천문학, 우주여행, 우주론, 우주생물학 등 우주와 관련한 주제들을
풍부한 사진 자료와 함께 흥미롭게 설명한 책이다.
출간된 지 40여 년이 지난 지금, 우주과학 기술이 비약적으로 발전한 오늘날에도
『코스모스』가 과학 고전의 필독서로 손꼽히는 이유는 과연 무엇일까?
'경이' '상상' '관계'의 세 가지 키워드를 중심으로
『코스모스』를 읽으며 그 답을 찾아보자.

『코스모스』가 가진 특별한 매력

형제, 자매가 특별한 재능으로 이름을 떨치는 경우가 있습니다. 영국 케임브리지 대학교의 두 한국인 교수 장하준, 장하석 형제도 그런 예입니다. 한 명은 경제학자로, 다른 한 명은 과학철학자로 한국을 넘어 전 세계에서 이름을 떨치고 있죠. 그러고 보니 20년 가까이 기자로 일하면서 인터뷰한 수많은 이 가운데 형제는 이 두 사람뿐입니다.

그런데 이 두 사람의 이름과 항상 함께 언급되는 책이 한 권 있습니다. 바로 칼 세이건Carl Sagan(1934~1996)의 『코스모스 *Cosmos*』(1980)입니다. 두 사람 중 누군지는 모르지만, 중학교 때 이미 『코스모스』를 영어 원서로 열한 번(?)이나 읽었다는 거예요. 중학생이 그 두꺼운 과학책을 한국어도 아니고 영어로 열 번 이상 읽었다니! 될성부른 나무는 떡잎부터 알아본다더니, 일찌감치 천재였다는 것이죠.

이 전설 같은 얘기가 하도 여기저기서 나와서 2010년에 장하준 교수를 만났을 때 진위 여부를 물어보았습니다. 그랬더니, 그건 자기 얘기가 아니라 동생 장하석 교수 얘기라는 겁니다. 그래서 2013년에 장하석 교수를 인터뷰할 때 다시 물었습니다. 그는 쑥스럽게 웃으면서 이런 진실을 들려주더군요.

"보통 그런 전설적인 이야기는 사실과 과장으로 범벅이 되어 있습니다. 이 기회에 사실을 확실히 밝히고자 합니다. (웃음) 중학교 2학년 때 「코스모스Cosmos: A Personal Voyage」 다큐멘터리를 애청했고, 중학교 3학년 때 번역서를 사서 열심히 여러 차례 읽었습니다. 몇 번이었는지는 알 수 없습니다. 제일 마지막 장 「누가 우리 지구를 위해서 말하나Who speaks for Earth?」는 정말 열 번쯤 보았을 것입니다. 당시 군사 독재하에서 받던 국수주의적 학교 교육에 막연히 반발하고 있던 저에게 칼 세이건의 세계주의는 정말 신선한 충격이었습니다. 그러고 나서 같은 해 원서를 구해, 꼭 1년 걸려 다 읽었습니다(한 번이요!). 1980년대 초 한국 중학생의 영어 실력이란 또 요즘과는 달리 형편없는 것이라, 엄청난 무리를 했던 거죠. 그러나 이미 번역서를 통해 내용을 다 알고 있었기 때문에 가능했습니다. 전문을 수동 타자기로 쳐내면서 미친 듯이 읽었던 기억이 납니다."

이런 장하석 교수의 대답을 듣고 나니 이 책의 매력이 더욱더 궁금해졌습니다. 마침 2014년에는 34년 만에 애초 텔레비전 다큐멘터리로 만들어졌던 「코스모스」의 후편 「코스모스—스페이

스타임 오디세이Cosmos: A Spacetime Odyssey」가 미국과 우리나라를 비롯한 전 세계에서 방송되어 또 한 번 화제가 되었죠. 2020년에는 또 다른 후편 「코스모스—가능한 세계들Cosmos: Possible Worlds」도 나왔습니다. 도대체 어떤 책이기에 중학교 3학년 친구로 하여금 영어 사전을 뒤적거리면서 전문을 번역하며 읽게 만들었을까요?

경이—광활한 우주 속의 우리

『코스모스』는 오늘의 시각으로 보면 낡은 책입니다. 1980년 9월 28일부터 12월 21일까지 열세 편으로 방송되었던 다큐멘터리에 기반을 둔 이 책은 인류가 1970년대 후반까지 쌓은 우주에 대한 지식으로 구성되어 있습니다. 지난 40여 년 동안 추가로 쌓인 지식을 염두에 두면 『코스모스』는 시대에 뒤떨어진 지식이 나열된 책일 뿐이죠.

그런데도 전 세계의 내로라하는 과학자 여럿은 천문학자를 꿈꾸는 청소년에게 『코스모스』를 추천하는 일을 주저하지 않습니다. 생물학자를 꿈꾸는 이들에게 찰스 다윈Charles Darwin(1809~1882)의 『종의 기원*On the Origin of Species*』(1859)을 추천하는 과학자가 거의 없는 걸 염두에 두면 참으로 기이한 일입니다(저는 차라리 다윈의 『비글 호 항해기*The Voyage of the Beagle*』(1839)를 추천하곤 합니다).

이 대목에서 『코스모스』의 한 가지 매력을 확인할 수 있습니다. 『코스모스』는 과학 지식을 담은 책이라기보다는 과학의 본질 가운데 하나인 '경이驚異, wonder'로 가득한 책입니다. 좀더 자세히 설명해볼까요? 과학자와 얘기를 나누다 보면, 그들이 과학 연구에 뛰어들어 밤낮을 가리지 않고 탐구에 몰두하게 하는 힘으로 경이를 꼽는 것을 자주 봅니다.

대단한 것이 아닙니다. 친구들 중에서도 전혀 예기치 못한 순간에 넋을 잃을 정도로 놀랍고 신기한 감정을 느낀 적이 있죠? 도시의 빌딩에만 익숙해 있다가 사방을 빽빽이 메운 숲을 보면서 느낀 당혹감, 가족과 함께 간 캠핑장에서 별이 쏟아질 것 같은 밤하늘을 보면서 느낀 아름다움, 우연히 들은 음악의 선율에 혼이 빠질 듯이 압도당한 감정 등.

바로 이런 것들이 경이의 감정입니다. 과학자 상당수는 이런 감정이야말로 과학자로서의 삶을 지탱하는 원동력이라고 주장합니다. 광활한 밤하늘을 올려다보면서(천문학자), 들여다보면 볼수록 신비한 몸속의 세포를 관찰하면서(생물학자), 수많은 원소가 상호작용해 세상의 온갖 물질을 구성하는 모습을 확인하면서(화학자) 느끼는 놀랍고 신기한 감정이 그것이죠.

칼 세이건은 『코스모스』에서 이런 경이의 감정을 독자에게 전달하려고 노력합니다. 정확히 말하면, 우리가 일상생활에 치여서 잠시 잊고 있었던 "위대한 신비의 세계로 다가갈 때" 느낄 수밖에 없는 "높은 곳에서 떨어질 때와 같은 그런 기분"을 다시

일깨우도록 노력합니다. 그 덕분에 이 책을 읽은 독자는 새삼 이런 사실을 깨닫게 되죠.

'빅뱅Big Bang의 순간에 우주가 탄생해서 이렇게 상상할 수 없을 정도로 넓은 공간으로 성장하다니!' '이런 광활한 우주에 비하면 우리가 지지고 볶고 사는 지구는 티끌 하나만도 못한 존재가 아닌가!' '그런데 이런 티끌 하나만도 못한 존재의 구성원에 불과한 인간이 이런 상상조차 못 할 이야기를 신의 도움 없이 쓸 수 있다는 사실 자체가 얼마나 놀라운 일인가!'

이제 『코스모스』가 1980년대의 장하석 교수처럼 과학자를 꿈꿨던 수많은 이의 마음을 사로잡은 이유를 짐작하겠죠? 이렇게 경이로운 우주, 자연, 세상의 비밀을 파헤치는 작업에 호기심 많은 청소년의 마음이 동한 것은 당연한 일이었겠죠. 지금 이 순간에도 『코스모스』를 읽은 또 다른 친구들이 그런 작업에 동참할 꿈을 키우고 있을 테고요.

상상 — 평화와 갈등의 사이에서

『코스모스』의 또 다른 매력은 다른 세상을 꿈꾸는 '상상'입니다. 앞에서도 언급했듯이, 약 138억 년의 역사를 가진 코스모스(우주)의 시각에서 보자면 지구, 또 인간은 정말로 보잘것없는 존재입니다. 그런데 한낱 '별 먼지'에 불과한 인간이 1980년대에, 그리고 지금 이 순간에도 보이는 모습은 어떻습니까?

1980년대에는 미국과 소련 등이 전 세계 곳곳에 쌓아놓은 핵폭탄이 지구를 여러 번 결딴내고도 남을 정도였습니다. 동서 냉전이 한창이던 당시에는 핵전쟁의 위험도 한창이었죠. 『코스모스』는 여기서 이런 질문을 던집니다. "누가 우리 지구를 위해서 말하나."

마지막 장의 제목이기도 한 이 질문은 이런 뜻입니다. '지구의 운명, 인류의 생존 문제를 우리 자신이 걱정하지 않는다면 누가 이 문제를 대신 해결해줄 것인가?' '우리가 지구의 입장을 대변해주지 않는다면 과연 누가 그 역할을 할 것인가?' 『코스모스』는 이 질문에 이렇게 답합니다(중학생이었던 장하석 교수를 감동시킨 바로 그 '세계주의'에 입각한 답변입니다!).

많은 나라가 무기 개발에 경쟁적으로 쏟아붓고 있는 노력을 인류 공동의 우주 탐험 노력으로 바꾸자는 것이죠. 핵폭탄을 적국으로 날려 보내는 로켓처럼 결과적으로 지구를 황폐화하고 인류 전체를 결딴내는 무기를 개발하는 데 과학기술의 산물을 쓰는 대신, 우주 탐험을 하는 데 쓴다면 세상이 훨씬 더 평화로울 수 있으리라는 거예요.

다른 미래를 상상해보자는 『코스모스』의 촉구는 지금 이 순간에도 여전히 유효합니다. 동서 냉전이 끝났지만, (북한 핵폭탄의 위협에서 자유롭지 못한 한반도를 포함해서) 지금 이 순간에도 세계 곳곳에는 여전히 많은 핵폭탄과 그보다 훨씬 많은 인명 살상을 위한 무기가 쌓여 있죠. 우리가 몰라서 그렇지 상상할 수 없을 살상력을 가진 무기가 개발 중일 테고요.

이뿐만이 아닙니다. 인류의 산업화 과정에서 공기 중으로 나온 온실 기체가 지구를 데우고, 각종 화학물질은 우리의 몸을 비롯한 생태계 곳곳에 심각한 영향을 주고 있죠. 몇 년 주기로 새로운 질병이 전 지구를 덮쳐서 공포에 떨어야 하고요. 각종 개발로 지금 이 순간에도 멸종 위기에 처한, 말 못하는 생명은 또 얼마나 많은가요?

이처럼 『코스모스』가 언급한 우주 탐험 외에도 인류가 공동으로 극복해야 할 문제는 한두 가지가 아닙니다. 굶주리는 이웃을 돕는 데, 기후 위기 같은 전 지구적인 환경 문제를 해결하는 데, 새로운 감염성 질병을 막는 데 온 인류가 지혜를 모으고 공동으로 대응한다면, 그리고 그 과정에서 인류가 갈고닦은 과학기술을 활용할 수 있다면 얼마나 멋진 일일까요?

『코스모스』는 이런 멋진 미래를 상상하자고 우리에게 촉구하는 책입니다. 그러고 보면, 이 책은 앞으로 훨씬 더 오랫동안 읽힐지도 모르겠습니다. 왜냐하면 지금 우리 인류의 참담한 모습만 보자면 앞으로 우리를 절망에 빠트릴 문제는 1980년대보다 더 많아지면 많아졌지, 적어지진 않을 것 같으니까요.

관계 — 너와 나의 우주적 연결

For Ann Druyan

In the vastness of space and the immensity of time,

it is my joy to share

a planet and an epoch with Annie.

(앤 드루얀에게

끝없는 우주와 무한한 시간 속에서

같은 행성, 같은 시대를

앤과 함께 살아가는 것을 기뻐하면서.)•

『코스모스』를 펴자마자 독자를 사로잡는 헌사입니다. 마치 연애편지의 한 문장 같은 이 헌사는 세이건이 자신의 연인이자 세 번째 아내가 된 앤 드루얀Ann Druyan(1949~)에게 바친 것이죠. 사실 드루얀은 이런 헌사를 받을 자격이 충분합니다. 왜냐하면 『코스모스』는 사실상 세이건과 드루얀의 공동 작품이니까요.

드루얀은 프로듀서로서 다큐멘터리 「코스모스」의 기획을 주도하고 성공을 이끌었을 뿐만 아니라, 3년간 다큐멘터리의 대본을 세이건과 공동으로 집필했습니다. 드루얀은 뛰어난 과학자였던 세이건이 세상과, 또 시대와 소통할 수 있도록 날개를 달아준 장본인이었던 셈이죠. 그리고 세이건과 남은 삶을 같이함으로써 영원한 사랑을 완성했습니다.

1996년 세이건이 세상을 뜨고 나서도 드루얀은 그가 생전에

• Carl Sagan, *Cosmos*, New York: Ballantine Books, 1980, p. xi.

출판하지 못한 다양한 과학 원고를 편집하고 보완해서 세상에 내놓고 있습니다. 그가 없었더라면 2014년과 2020년에 새롭게 선보인 다큐멘터리 「코스모스」의 후편 역시 세상에 존재하지 않았을 거예요. 그는 세상을 뜬 자신의 사랑과 20년 넘게 공동 작업을 하고 있는 셈입니다.

이런 얘기를 길게 한 이유는 『코스모스』가 결국은 우리의 삶을 지탱하는 '관계'에 대한 이야기이기 때문입니다. 세이건은 10대 때부터 '천재' 소리를 들은 과학자였지만, 드루얀이 없었더라면 죽고 나서도 20년이 넘는 지금까지 수많은 이에게 영감을 주는 불멸의 과학자가 될 수 없었을 거예요. 그는 이 사실을 정확히 알았기에 『코스모스』를 드루얀에게 바친 것이죠.

자, 다시 한번 세이건이 드루얀에게 했던 헌사를 읽어보면서 생각해보세요. 이 글을 읽는 친구는 지금 "끝없는 우주"와 "무한한 시간" 속에서 "같은 행성"과 "같은 시대"를 살아가는 누구 때문에 기쁨의 미소를 짓고 있나요? 아, 한 가지 확실한 것이 있군요. 이 글을 통해서 『코스모스』를 쓴 세이건과 드루얀, 또 저와 당신 사이에 관계의 고리가 하나 만들어졌습니다.

『코스모스』는 바로 그런 관계의 고리가 힘을 발휘할 때, 어떤 기적이 나타날 수 있을지를 보여주는 생생한 예입니다. 이제, 더 늦기 전에 『코스모스』를 읽을 시간입니다.

과학 고전 엮어 읽기

과학과 종교는 서로 싸우기만 할 뿐일까

앤 드루얀이 세상을 뜬 세이건과 끊임없이 대화하며 공동 작업한 결과물 가운데 『과학적 경험의 다양성*The Varieties of Scientific Experience*』(2006)이 있습니다. 이 책은 애초 세이건이 1985년 스코틀랜드 글래스고 대학교에서 했던 연속 강연을 드루얀이 편집해서 사후 10년 만에 내놓은 것이죠. 이 책에는 과학과 종교에 대한 그의 견해가 폭넓게 펼쳐져 있어요.

왜 과학과 종교일까요? 앞에서 언급한 과학의 본질 가운데 하나인 '경이'를 떠올려보세요. 아마도 신을 믿는 친구라면 세이건이 언급한 "위대한 신비의 세계로 다가갈 때" 느낄 수밖에 없는 "높은 곳에서 떨어질 때와 같은 그런 기분"이야말로 종교에서 말하는 영적인 체험과 다를 게 없다고 생각할 수도 있습니다.

실제로 우리가 흔히 대립 관계라고 생각하는 과학과 종교 사이에는 의외로 유사한 점이 많습니다. 자연의 신비에 경탄하는 과학자의 모습은 마치 신이 창조한 세상의 아름다움을 찬미하는 성직자의 그것과 겹치죠. "과학적으로 그 존재를 증명할 수 없는 신을 믿을 수 없다"고 강조하는 세이건이 코스모스(우주)의 경이를 강조할 때도 마찬가지입니다.

아니나 다를까, 세이건은 이 책에서 과학과 종교 사이의 공감의 필요성을 역설합니다. 신의 존재를 증명하는 데는 누구도 성공하지 못했지만, 그렇다고 신이 없다고 확신할 수도 없는 상황에서(또 인류의 대부분이 신 혹은 영적 존재를 믿는 상황에서) 둘 사이에 어떤 '관계'가 필요할지 자신의 해법을 내놓은 셈이죠.

더 읽어봅시다!

앤 드루얀, 『코스모스 — 가능한 세계들』, 김명남 옮김, 사이언스북스, 2020.
닐 디그래스 타이슨, 『날마다 천체 물리』, 홍승수 옮김, 사이언스북스, 2018.
칼 세이건, 『과학적 경험의 다양성』, 박중서 옮김, 사이언스북스, 2010.

• 청소년들이 읽을 때 지도가 필요한 책 •

과학기술이 세상을 구원하리라?

『두 문화』

C. P. 스노

오랜 시간 반목해온 인문학과 자연과학의 갈등이 무색하게도,
지금은 두 학문 간의 소통과 융합이 그 어느 때보다 강조되는 시대다.
두 학문 간의 논쟁이 대두될 때마다 거론되는 과학의 고전이 있으니,
바로 C. P. 스노의『두 문화』다.
『두 문화』에 담긴 스노의 진짜 견해와 이 책을 둘러싼 논쟁을 살펴보자.

『두 문화』에 대한 오해

1959년 5월 7일, 영국 케임브리지 대학교의 한 강연에 사람들의 눈길이 집중되었습니다. 주인공은 C. P. 스노Charles Percy Snow(1905~1980). 그는 애초 과학자였지만 20대부터 여러 권의 소설을 펴냈습니다. 제2차 세계대전을 거치면서는 정부 관료, 기업 대표로도 일했고요. 요즘의 기준으로 봐도 팔방미인 소리를 들을 만큼 독특한 경력의 소유자였습니다.

이날 스노의 강연 제목은 '두 문화와 과학 혁명'이었습니다. 반세기 넘게 세계 곳곳에서 회자될 '두 문화The Two Cultures'라는 말이 처음 탄생하는 순간이었죠. 그가 말하는 '두 문화'는 바로 문학, 역사, 철학, 정치학, 사회학 등을 일컫는 인문·사회과학과 물리학, 화학, 생물학, 공학 등을 일컫는 자연과학·공학입니다.

스노는 이 강연에서 양쪽 영역의 서로에 대한 무지, 그리고 무지에 기반을 둔 반목을 목소리 높여 고발했죠. 반세기가 지난 지금까지 그가 지적한 이런 두 문화 간의 갈등은 사라지지 않고 있습니다. 당장 오랫동안 문과, 이과로 나뉜 우리나라 고등학교의 현실이야말로 이런 두 문화의 전형적인 예입니다.

스노는 그 후 이 강연을 뼈대로 『두 문화』(1959)라는 책을 펴냈습니다. 아마 여러분도 어디서나 추천 고전으로 꼽히는 이 책 제목을 한 번쯤 들어본 적이 있을 거예요. 그런데 저는 이 책을 처음 읽고서 상당히 당혹스러웠습니다. 왜냐하면 책의 내용이 제가 생각했던 것과는 달라도 너무나 달랐으니까요. 『두 문화』와 스노를 완전히 오해하고 있었던 거죠.

읽어야 한다면서 아무도 읽지 않은 책

지금도 『두 문화』는 두 문화 간의 갈등이 야기한 여러 문제를 '중립적인' 위치에서 지적하고 대안을 찾는 책으로 여겨집니다. 과학자와 소설가 등 두 문화를 두루 경험한 스노의 경력까지 염두에 두면 더욱더 그렇죠. 요즘 (두 문화에 속한) 여러 분과 학문의 소통을 강조하는 '융합' '통합,' 그리고 '통섭'• 등이 얘기될 때마다 『두 문화』가 가장 먼저 거론되는 것도 이 때문입니다.

그런데 이런 사정을 볼 때마다 저는 다음과 같은 마크 트웨인의 독설을 생각하며 쓴웃음을 짓곤 합니다. 『톰 소여의 모험』

• consilience. 19세기 자연철학자 윌리엄 휴얼William Whewell(1794~1866)이 만든 개념으로, 인문 · 사회과학과 자연과학을 통합하는 범학문적 연구를 일컫는다. 에드워드 윌슨이 자신의 책『통섭』에서 발전시켜 유명해졌다.

『허클베리 핀의 모험』 등으로 유명한 미국 작가 트웨인은 '고전'을 이렇게 정의했습니다. "모두가 읽어야 한다고 말하지만 아무도 읽지 않는 책."

『두 문화』를 둘러싼 상황이야말로 이런 트웨인의 정의에 딱 맞습니다. 사실 이 책은 두 문화의 한쪽에서 다른 한쪽을 노골적으로 공격하는 책입니다. 스노는 『두 문화』에서 과학도 모르면서 지식인 행세를 하는 이른바 '문과' 지식인을 조롱하고 질타합니다. 과학기술에 무지한 이들이 세계를 '관리'하면서 세상이 엉망진창이 되고 있다는 거죠.

예를 들어 스노는 이렇게 목소리를 높입니다. "한두 번인가 나는 화가 나서 (문과 지식인 중에서) 몇 사람이 열역학 제2법칙•을 설명할 수 있는지 물어보았다. 반응은 냉담했고, 또 부정적이었다. 나는 '당신은 셰익스피어의 작품을 읽은 적이 있습니까?'에 맞먹는 과학의 질문을 던진 셈이었다."

이런 스노의 주장이 어찌나 모욕적이었던지, 당시 케임브리지 대학교에서 영문학을 가르치던 프랭크 리비스는 1962년 인신공격에 가까운 신랄한 반론을 펴기도 했습니다. 당대는 물론이고 지금도 최고의 영문학 비평가 중 한 명으로 꼽히는 그는 스노를 놓고서 "소설가로서 그는 존재하지 않는다. (……) 그는 소설이

• '엔트로피는 증가한다.' '열은 고온에서 저온으로 흐른다.' '하나의 열원熱源에서 얻어지는 열은 모두 역학적인 일로 바꿀 수 없다.' '고립계의 엔트로피는 감소하지 않는다.' '시간은 한 방향으로만 흐른다' 등의 여러 가지 표현은 모두 이 법칙을 가리킨다.

뭔지도 모르는 사람이다"라고 비난했죠.

리비스는 과학기술만이 최고라고 주장하고, 또 그런 주장이 많은 공감을 불러일으키는 모습이야말로 현대 문명이 심각한 위기에 처했다는 징후라고 주장합니다. 그는 이렇게 과학기술만 강조하는 사회는 결국 소수의 관료가 세상을 감시하고 지배하는 조지 오웰의 『1984』가 그리는 디스토피아가 될 것이라고 경고했죠.

이런 사정을 염두에 두면 스노의 『두 문화』는 두 문화의 벽을 허물기보다는 오히려 그 자체로 두 문화 사이의 무지, 적의, 혐오를 적나라하게 보여준 생생한 예라고 할 수 있습니다. 그렇다면 (비록 리비스를 비롯한 당대의 진지한 비평가로부터 혹평을 받았지만) 그 자신이 소설가이기도 했던 스노가 이렇게 문과 지식인을 겨냥한 까닭은 무엇일까요?

천재들을 사로잡은 도깨비방망이

제2차 세계대전 기간과 전후의 혼란기에 영국 정부의 관료로 활약했던 스노는 눈부신 과학기술의 발전에서 인류의 밝은 미래를 보았습니다. 이런 스노가 가장 고민했던 문제는 과학기술의 힘 때문에 풍요의 길로 진입한 미국, 유럽과 달리 여전히 굶주림, 유행병 등으로 고통받는 가난한 나라였습니다.

스노가 애초 강연의 제목을 '부자 나라와 가난한 나라'로 붙이려고 했다며 고백한 것도 이런 사정 탓이었죠. 그는 과학기술의 성과가 전 세계로 퍼지기만 한다면 가난한 나라의 고통이 없어지리라고 생각했습니다. 그리고 그는 이런 시도를 가로막는 가장 큰 장애물이 바로 문과 지식인의 과학기술에 대한 무지라고 여겼죠.

1950년대에는 스노처럼 빈곤을 비롯해 인류가 당면한 여러 문제를 과학기술이 도깨비방망이처럼 해결해줄 것이라고 믿는 이가 많았습니다. 그들이 보기에 과학기술에 딴죽을 거는 이들이야말로 이런 변화의 발목을 잡는 '반동'이었죠. 스노는 그 반동의 대표 주자로 문학, 역사, 철학 등에만 탐닉하는 문과 지식인을 지목했고요.

스노와 비슷한 생각을 공유했던 이들 중에는 J. D. 버널John Desmond Bernal(1901~1971)을 중심으로 한 1930년대 영국의 지식인 그룹도 있었습니다. 이 그룹에는 버널뿐만 아니라 J. B. S. 홀데인J. B. S. Haldane(1892~1964), 조지프 니덤Joseph Needham(1900~1995), 패트릭 블래킷Patrick M. S. Blackett(1897~1974) 등 과학, 역사, 철학 등 두 문화의 영역을 넘나들며 빛나는 업적을 남긴 천재들이 포진되어 있었습니다. 스노 역시 이들과 교류하면서 영향을 받았죠.

이 천재들을 사로잡았던 것은 두 가지 열정이었습니다. 하나는 스노처럼 "과학이 인류의 복지 증진을 위해" 무엇인가를 할 수 있으리라는 낙관이었고, 다른 하나는 과학기술이 발전할 수 있도록 전폭적인 지원(자금, 조직, 인력 등)을 아끼지 않는다면 정치, 경제, 사회, 문화 등 온갖 문제가 잘 풀릴 것이라는 확신이었습니다.

그리고 그들이 보기에, 현실에서 그렇게 과학을 제대로 대접하는 나라는 소련이 유일했습니다. 1930년대 전 세계가 대공황의 늪에서 허우적대고 있을 때(그래서 과학자 역시 찬밥 신세를 면치 못할 때) 소련만은 과학기술, 또 과학자와 공학자에 대한 지원을 아끼지 않았거든요(그들 중 아무도 그런 소련이 결국 온갖 문제가 곪아 터져서 1991년 몰락하리라곤 꿈에도 생각지 못했죠).

아무튼 이들의 이런 열정은 엉뚱한 방향에서 현실이 되었습니다. 마침 시작된 제2차 세계대전은 이들의 바람대로 (미국, 유럽) 정부가 앞장서서 과학기술을 지원하게끔 만들었습니다. 과학기술을 응용해 핵폭탄처럼 상상을 초월한 살상 무기가 등장했고, 전쟁이 끝나고 나서 과학기술은 정부와 기업의 돈벌이 수단으로 또다시 각광 받게 되었어요.

스노가 전쟁이 한창이던 1940년대부터 관료로 변신해 승승장구한 이력을 염두에 두면, 우리는 『두 문화』가 어떤 맥락에서 등장했는지 더욱더 잘 알 수 있습니다. 과학기술이 전쟁을 승리로 이끌고, 전후의 풍요를 가져다주는 걸 옆에서 목격한 스노야말로 버널과 같은 동료들이 1930년대 가졌던 비전을 실천한 장본인이었던 셈입니다.

굶주리는 사람이 줄지 않는 진짜 이유

지금의 시점에서 보면 스노의 주장은 아무래도 허술해 보입니다. 스노는 과학기술 덕분에 세계 대부분의 지역이 빈곤에서 벗어나리라 여겼지만, 현실은 정반대로 진행되었습니다. 반세기 전에 가난했던 나라(아시아, 아프리카, 남아메리카 등)는 (우리나라와 같은 일부 예외를 제외하곤) 지금도 여전히 가난합니다. 굶주림과 유행병은 여전히 그들의 몫이죠.

한 가지만 예를 들어볼까요? 많은 이는 남아시아, 아프리카 등의 가난한 나라 사람이 굶주리는 이유를 놓고서 쌀, 밀, 옥수수 등과 같은 먹을거리가 부족한 탓이라고 여깁니다. 가뭄, 큰물 등 끝없이 이어지는 이들 가난한 나라의 불운도 한몫했다고 생각하고요. 그런데 진실은 정반대입니다.

놀라지 마세요. 굶어 죽는 사람이 많은 남아시아, 아프리카 여러 나라의 상당수는 밀, 쌀 또는 커피, 카카오 등과 같은 먹을거리를 수출하는 나라입니다. 이런 식입니다. 선진국으로 수출할 커피를 재배하는 농장에서 일하는 농민이 받는 값싼 임금으로는 비싼 밀, 쌀을 사 먹을 수 없습니다. 애초 이 농민이 자기 먹을거리를 재배했더라면 아무런 문제가 없었을 텐데요.

미국, 유럽 기업과 유착해 자기 나라 국민을 노예처럼 팔아넘기고 막대한 부를 챙기는 부패한 권력은 이런 상황을 더욱더 부추깁니다. 권력을 둘러싼 다툼은 종종 끔찍한 내전으로 이어져 이들 나라의 상황을 최악으로 몰고 가죠. 그러니 유전자 조작과 같은 과학기술로 먹을거리 생산량을 늘리기만 하면 가난한 나라의 굶주림이 저절로 해결되리라는 생각은 정말로 순진하죠.

지금보다 경제 상황이 훨씬 좋았던 2000년, 미국의 18세 이하 어린이 1,200만 명이 끼니 걱정을 하면서 굶주림에 시달린다는 조사 결과가 나와 세상이 깜짝 놀랐습니다. 2008년 금융 위기 이후에 미국의 빈부 격차가 더욱더 심해졌으니 지금은 상황이 훨씬 더 안 좋겠죠. 과학기술 발전의 혜택을 가장 많이 본, 전 세계에서 가장 부유한 나라 미국의 현실을 스노가 본다면 뭐라고 변명을 할까요?

이뿐만이 아닙니다. 과학기술은 빈부 격차를 해소하기는커녕 또 다른 수많은 문제를 낳았죠. 앞에서 잠시 언급했듯이, 제2차 세계대전부터 베트남 전쟁을 거쳐 최근의 이라크 전쟁까지 20세기를 '대량 살육의 시대'로 만든 중심에는 과학기술이 있었습니다. 지구 가열global heating이 초래하는 기후 위기, 화학물질의 남용으로 인한 생태계 파괴는 인류의 생존까지 위협하고 있고요.

너와 나를 더 잘 이해하기 위해

흥미롭게도 모두가 스노처럼 낙관만 했던 것은 아닙니다. 스노나 버널과 같은 다른 동료처럼 과학기술의 힘이 세상을 낫게 만들기를 희망했던 조지프 니덤이 바로 그런 사람이었습니다. 그는 인간 사회의 복잡하고 '신비로운' 상호작용을 과학의 이름으로 간단히 극복할 수 있다는 믿음을 이렇게 회의했죠. "우리는 종교의 아편을 과학의 아편으로 대체해야 하는가?"

이런 니덤의 회의는 스노의 주장에 발끈하며 '진보'의 척도가 경제 성장이나 과학기술이 결코 될 수 없음을 강조했던 리비스의 주장과 공명하는 부분이 많습니다. 리비스는 셰익스피어의 작품과 같은 위대한 문학이야말로 '인간답게 산다는 것'이 무엇인지 과학기술보다 훨씬 더 많은 것을 가르쳐줄 수 있으리라고 확신했으니까요.

안타깝게도 지금은 스노도 리비스도 환영받지 못하는 세상입니다. 지식인, 정치인, 관료를 포함한 오늘날 많은 사람은 열역학 제2법칙 같은 과학에도, 셰익스피어의 작품 같은 문학에도 관심이 없습니다. 문과나 이과를 막론하고 많은 학생이 의사나 변호사, 혹은 금융인이 되려고 안간힘을 쓰는 것은 그 단적인 증거죠.

그렇다면 스노의 『두 문화』는 지금 어떤 의미를 가질까요? 스노가 말한 대로 두 문화의 벽은 허물어져야 마땅합니다. 하지만 과학이냐, 문학이냐 이렇게 둘 중 하나를 강조하는 방식으로는 두 문화의 벽을 허물 수도 없을 뿐만 아니라, 과학도 문학도, 심지어 인간마저도 하찮은 것이 되어버린 오늘날 여러 문제를 해결하는 데도 도움이 되지 않습니다.

세상을, 인간을, 그리고 너와 나를 더 잘 이해하기 위해서는 열역학 제2법칙과 셰익스피어의 작품이 둘 다 필요한 법입니다. 우리는 『두 문화』를 비판적으로 다시 읽어야 합니다.

과학 고전 엮어 읽기

우리도 조지프 니덤처럼!

애초 조지프 니덤은 비타민과 아미노산의 한 종류인 트립토판을 발견한 공으로 노벨상을 수상한 과학자 프레더릭 홉킨스Frederick G. Hopkins(1861~1947)와 함께 생화학과 발생학을 연구한 전도유망한 과학자였습니다. 그가 버널 등과 과학기술 낙관론을 공유하면서 세상을 바꾸는 운동에 뛰어든 것도 이런 경력 때문이었죠.
하지만 니덤은 동료들이 과학기술을 이용해 전쟁에서 이길 궁리를 하던 1940년대에 뜬금없이 중국 과학사 연구를 시작합니다. '세계 최고 수준의 과학기술을 자랑했던 중국이 왜 유럽처럼 근대 과학 혁명에 성공하지 못했을까?' 이 질문에 답하는 니덤의 『중국의 과학과 문명*Science and Civilisation in China*』은 과학사, 중국사, 그리고 궁극적으로 세상을 보는 새로운 시각을 담은 20세기 고전으로 꼽힙니다.
니덤은 1954년 첫번째 책을 펴낸 뒤에도 『중국의 과학과 문명』 집필을 계속했습니다. 1995년 그가 세상을 뜨고 나서는 그의 동료와 후학들이 이어서 작업을 계속 진행 중이고요. 과학기술이 해결하지 못한 질문을 역사를 통해서 풀어보고자 했던 니덤의 작업이야말로 두 문화의 벽을 허물기 위한 시도로 볼 수 있지 않을까요?

더 읽어봅시다!

게리 워스키, 『과학……좌파』, 김명진 옮김, 이매진, 2014.
사이먼 윈체스터, 『중국을 사랑한 남자』, 박중서 옮김, 사이언스북스, 2019.

• 청소년들이 꼭 읽어야 할 책 •

침팬지와 보노보, 우리 마음속 승자는?

『내 안의 유인원』
프란스 드 발

현존하는 최고의 영장류학자인 프란스 드 발이 펴낸
흥미진진한 과학책『내 안의 유인원』.
저자는 영장류의 사회적 지능, 화해와 도덕성, 문화 등에 주목해
영장류와 인간의 행동을 비교하는 연구를 해온 동물학자이자 비교행동학자다.
인간과 가장 가까운 친척인 침팬지와 보노보를 인간과 비교 연구한 결과를 담은
『내 안의 유인원』을 읽으며, 우리 안에 존재하는 양면성과
인간 본성에 대해 생각해보는 시간을 갖자.

인간보다 더 인간적이고, 짐승보다 더 잔혹한

1996년 8월 16일, 미국 시카고 브룩필드 동물원에서 실제로 있었던 일입니다. 세 살짜리 남자아이가 5.4미터 깊이의 구덩이로 떨어졌습니다. 이때 우리 안에 있던 여덟 살짜리 암컷 고릴라가 재빨리 그 아이를 들어 올려 안전한 곳으로 옮겼습니다. 그 고릴라는 아이를 무릎 위에 올려놓고 등을 두드려주다가 동물원 직원에게 데려다주었죠. 지금도 인터넷 검색 사이트에서 고릴라의 이름 빈티 주아Binti Jua를 입력하면 이 믿지 못할 장면을 볼 수 있습니다.

그럼 이런 이야기는 어떤가요? 잠시 심호흡부터 하고 들어보세요. 1998년 6월 7일 미국 텍사스 주의 소도시 재스퍼 시에서 실제로 있었던 일입니다. 백인 남자 세 사람이 길을 걸어가던 49세의 흑인 남자에게 차를 태워주겠다고 합니다. 그는 세 아이의 아버지였죠. 그들은 흑인 남자를 집으로 데려다주는 대신 한적한 장소로 끌고 가 오물을 뿌리고 두들겨 팬 다음, 트럭

뒤에 줄로 매달고 아스팔트 도로 위를 수천 미터나 달렸습니다. 그 남자는 결국 머리와 오른쪽 팔이 떨어져 나간 채 생명을 잃었죠.

인간보다 더 인간적인 동정심 가득한 고릴라와 짐승보다 더 잔혹한 사람. 이 역설적인 상황을 우리는 어떻게 이해해야 할까요? 세계 최고의 영장류학자 프란스 드 발Frans de Waal(1948~)의 『내 안의 유인원*Our Inner Ape*』(2005)은 바로 이 질문에 답하고자 할 때 읽어야 할 최고의 책입니다. 장담하건대 이 책을 읽고 나면 거울에 비친 나의 모습이 달리 보일 것입니다.

우리와 가장 가까운 친척—침팬지와 보노보

친구들은 침팬지, 고릴라, 그리고 오랑우탄을 본 적이 있죠? 이들은 모두 다 우리 인간과 아주 비슷한 유인원입니다. 유인원 가운데 덩치가 비교적 큰 것은 딱 4종이 있습니다. 침팬지, 고릴라, 오랑우탄이 거기에 속합니다. 그렇다면 마지막 하나는 뭘까요? 바로 한때 '피그미침팬지'라고도 불렸던 보노보입니다.

프란스 드 발은 영장류학자 가운데서 독특한 경력을 가지고 있습니다. 보통 영장류학자는 침팬지면 침팬지, 고릴라면 고릴라 이렇게 한 종을 집중적으로 연구합니다. 그런데 프란스 드 발은 침팬지와 보노보 두 유인원을 동시에 연구한 유일한 영장류학자입니다. 그가 『내 안의 유인원』을 쓸 수 있었던 데는 이런 독특한 경력이 한몫했습니다.

왜냐하면 『내 안의 유인원』의 세 주인공 가운데 둘이 바로 침팬지와 보노보이기 때문입니다(짐작하다시피, 나머지 한 주인공은 바로 인간입니다). DNA를 비교해보면 유인원과 공통 조상을 가지고 있었던 인간은 1,400만 년 전에 오랑우탄과 갈라졌고, 750만 년 전에 고릴라와 갈라졌습니다.

침팬지와 보노보는 550만 년 전에 인간과 갈라지고 나서도 한동안 같은 조상을 가지고 있다가 250만 년 전에야 서로 갈라졌습니다. 그러니까 이 둘은 유인원 가운데서도 인간과 가장 가까운 친척인 셈입니다. 그런데 놀랍게도 이 둘은 여러 가지 면에서 정반대 성향을 가지고 있습니다. 프란스 드 발이 침팬지와 보노보를 주인공으로 내세운 것도 이런 사정 때문이죠.

악마 같은 침팬지 vs. 천사 같은 보노보

침팬지와 보노보는 달라도 너무나 다릅니다. 하나씩 비교해볼까요? 무리를 지어 사는 침팬지는 '수컷 중심'입니다. 항상 대장 수컷이 존재합니다. 대장 침팬지는 음식부터 암컷과의 교미까지 많은 것을 독차지하죠. 그래서인지 젊은 수컷은 이 대장 자리를 호시탐탐 노립니다. 대장 수컷이 늙거나 부상을 당하길 기다리죠. 심지어 대장 수컷을 몰아내는 과정에서 두 마리의 수컷 침팬지가 동맹을 맺기도 합니다.

역시 무리를 지어 사는 보노보는 '암컷 중심'입니다. 나이 많은 할머니 암컷이 무리를 다스립니다. 할머니 보노보의 뒤를 이어서 대체로 나이 순서대로 암컷의 서열이 정해져 있습니다. 흥미롭게도 보노보 무리에서 수컷은 어미의 보호를 받는 약한 존재입니다. 엄마의 서열이 높으면 더 많은 음식을 먹을 수 있지만, 엄마의 서열이 낮으면 푸대접을 감수해야 합니다.

침팬지는 잔인한 유인원입니다. 바나나를 좋아하는 초식 침팬지를 머릿속에 그리고 있다면 지워버리세요. 원숭이를 사냥해 두개골을 박살 낸 다음에 산 채로 잡아먹습니다. 다른 무리와의 전쟁도 서슴지 않고, 동족을 먹기도 합니다. 수컷이 교미를 거부하는 암컷을 때리기도 하고, 심지어 자기 핏줄이 아닌 새끼 침팬지를 암컷에게서 강제로 뺏어 찢어 죽이기도 합니다.

보노보는 침팬지와는 정말로 반대입니다. 보노보 사이에서는 침팬지에게서 보이는 이런 잔인한 행동을 찾아보려야 찾아볼 수 없습니다. 물론 보노보 무리에도 위계질서가 있습니다. 그래서 외부에서 들어온 젊은 암컷이 기존의 질서에 도전하는 경우가 왕왕 있습니다. 이 과정에서 할머니 암컷은 싸우는 대신에 먹이를 나눠 주지 않거나 등을 돌리는 방식으로 압박합니다.

그렇다면 아무래도 암컷에 비해 몸집이 큰 보노보 수컷은 어떨까요? 보노보 무리의 수컷은 자기 운명에 대한 통제권이 없습니다. 앞에서 언급했듯이 자기가 아무리 잘났다 한들 어미가 힘이 약하면 말짱 도루묵이니까요. 그렇다고 보노보 수컷이 침팬지 수컷에 비해서 불행할까요?

그런 시각은 남성 중심적인 문화에 익숙한 인간, 특히 남성의 시각일 뿐입니다. 보노보 수컷은 침팬지 수컷에 비해서 수명을 채우고 살아갈 가능성이 훨씬 더 큽니다. 왜냐하면 수컷끼리의 과다한 경쟁 속에서 스트레스를 받거나 물리거나 맞아 죽을 가능성이 거의 없기 때문입니다. 여러분이 남성이라면 침팬지의 삶을 선택할 건가요, 보노보의 삶을 선택할 건가요?

보노보가 잊힌 두 가지 이유

이렇게 침팬지와 보노보를 비교해보면, 마치 악마와 천사를 보는 것 같습니다. 인간과 거리가 비슷한 두 유인원이 이렇게 대조적인 게 참으로 놀라운 일입니다. 마치 로버트 루이스 스티븐슨의 유명한 소설 『지킬 박사와 하이드 씨』에 나오는 지킬 박사(보노보)와 하이드 씨(침팬지)가 두 유인원으로 변신한 것처럼 말이죠.

그런데 이쯤 되면 한 가지 궁금증이 생기지 않으세요? 우리에게 고릴라, 오랑우탄, 또 오늘의 주인공 가운데 하나인 침팬지는 익숙합니다. 그런데 왜 마치 평화의 상징처럼 여겨지는 보노보에 대해서는 거의 들어본 적이 없을까요? 오죽하면 1997년 프란스 드 발이 펴낸 보노보에 대한 세계 최초의 책이 『보노보—잊힌 유인원*Bonobo: The Forgotten Ape*』이었겠어요.

여기에는 두 가지 이유가 있습니다. 첫번째 이유는 시대 상황과 무관치 않습니다.

> 지난 수십 년 동안 생물학자들은 인간이 '이기적인' 유전자의 지배를 받으며, 그에 따라 자신에게 이익이 되는 행동만 한다는 이미지를 널리 유행시켰다. 이 메시지는 레이건과 대처가 미국과 영국을 통치하던 시절에 탐욕을 자유 시장 제도의 기초로 여기던 시대정신과 잘 들어맞았다.*

1979년 영국에서 마거릿 대처가, 1981년 미국에서 로널드 레이건(미국 제40대 대통령, 재임 기간 1981~1989)이 집권하고 나서 본격적으로 시장 중심의 자본주의가 전 세계를 휩쓸기 시작했습니다. 우리나라도 1997년 외환위기를 계기로 이런 움직임에 동참할 수밖에 없었어요. 경쟁력 있는 소수는 성공하고, 경쟁력 없는 다수는 도태되는 사회가 당연시되었죠("2등은 아무도 기억하지 않습니다!").

프란스 드 발의 지적대로, 리처드 도킨스의 『이기적 유전자』로 대표되는 생물학자의 작업은 바로 이런 시대정신과 딱 맞아떨어지는 것처럼 보였습니다. 같은 시기에 권력을 위해 잔혹한 살상도 마다하지 않는 악마 같은 침팬지가 주목받고, 전쟁도 사

* 프란스 드 발, 『내 안의 유인원』, 이충호 옮김, 김영사, 2005, 8쪽.

냥도 수컷의 지배도 없는 천사 같은 보노보가 무시당한 것도 같은 맥락입니다.

또 다른 민망한 이유도 있습니다. 보노보가 갈등을 해결하는 방식은 상상을 초월합니다. 보노보는 말 그대로 '야한' 유인원입니다. 보노보는 사람만이 할 줄 안다고 생각했던 혀를 사용하는 프렌치 키스를 거침없이 합니다(수컷과 암컷뿐만 아니라 수컷과 수컷 사이에도 열정적으로 키스를 합니다).

암컷과 수컷이 음식을 놓고 다투다가 이내 교미를 합니다. 그리고 음식을 사이좋게 나눠 먹습니다. 수컷과 수컷 사이, 암컷과 암컷 사이에도 서로의 성기를 문지르며 친밀한 사이임을 과시합니다. 털 고르기를 하다가 키스를 하고, 그러다 교미를 하고, 다시 음식을 먹고…… 무리 전체가 키스와 교미를 통해서 하나로 뭉쳐 있다고나 할까요?

그래서인지 보노보 사이에서는 수컷이 새끼를 죽이는 영아살해 따위가 일어날 수 없습니다. 암컷의 기세에 눌려서 수컷이 그런 시도를 하지도 못할 뿐만 아니라, 한 무리의 새끼는 사실상 모두의 아이이기 때문이죠. 보노보가 친자 확인을 한다고 나서지 않는 한, 그 아이가 누구의 새끼인지 알 도리가 없으니까요.

이제 보노보 연구가 활발하게 진행되지 못했던 또 다른 이유를 짐작하겠죠? 우리나라보다 성 문화가 훨씬 더 개방적인 미국이나 유럽에서도 '사회적 영역'과 '성적 영역'이 뒤섞인 보노보를 연구하는 일은 상당히 민망한 일이었던 것입니다. 프란스 드 발은 이런 분위기를 놓고서 이렇게 일침을 놓습니다.

> 이렇게 호색적인 동물이 우리의 가장 가까운 친척이라는 사실은 우리 인간 자신의 섹슈얼리티를 바라보는 데 큰 의미를 지닌다.*

상상하는 능력과 인간의 두 얼굴

이제 우리는 글머리에서 던진 질문의 대답을 찾아야 합니다. 곤경에 처한 세 살짜리 아이를 구한 동정심 가득한 고릴라의 모습은 우리의 자화상 가운데 하나입니다. 인정하기 싫지만, 끔찍한 학대와 엽기적 살인을 저지른 잔혹한 살인자의 모습 역시 우리의 자화상입니다. 당장 전쟁터에 성노예로 끌려갔던 '위안부' 피해자의 고통을 생각해보세요.

이 대목에서 프란스 드 발은 중요한 사실을 하나 지적합니다. 대조적으로 보이는 인간의 동정심과 잔혹성은 모두 "자신의 행동이 상대방에게 어떤 영향을 미칠지 상상하는 능력에 바탕을 두고" 있습니다. 인간이나 유인원은 지금 자기의 착한, 또 나쁜 행동이 상대방에게 어떤 영향을 미칠지를 상상해보고서 의도적으로 그렇게 행합니다.

예를 들어, 실험실의 어린 침팬지는 빵 부스러기로 울타리 너

* 같은 책, 151쪽.

머에 있는 닭들을 유인해서 날카로운 철사로 찌르며 즐거워합니다. 반면에 영국 한 동물원의 보노보는 유리창에 부딪혀 떨어진 찌르레기가 기운을 되찾고 무사히 하늘로 날아갈 수 있도록 하루 종일 애지중지 보살피는 모습을 보입니다.

우리 인간은 침팬지의 잔혹성도, 보노보의 동정심도 가지고 있습니다. 마치 야누스처럼 악마와 천사 두 얼굴을 동시에 가지고 있는 셈입니다. 하루에도 몇 번씩, 어떨 때는 악마의 얼굴이 다른 때는 천사의 얼굴이 나타납니다. 그러니 우리와 가장 가까운 친척인 침팬지와 보노보는 바로 우리의 두 얼굴을 상징적으로 표현하고 있는 셈입니다.

한때는 침팬지의 모습이 우리 인간의 자화상에 가깝다는 견해가 대세인 적이 있었습니다. 토머스 홉스 같은 철학자가 '만인의 만인에 대한 투쟁'을 말할 때, 또 마거릿 대처나 로널드 레이건 같은 정치인이 사회(공동체)가 아닌 개인만 강조할 때, 경제학자가 자기 이익을 극대화하는 '합리적인 경제인'을 말할 때가 그랬죠.

세상이 달라졌습니다. 특히 2008년 세계 금융 위기 이후에 세상은 개인이 저마다 탐욕만 추구하다가는 경제가 파탄 나고, 더 나아가 세상이 결딴날 수도 있으리라는 때늦은 깨달음을 얻었습니다. 그리고 그때부터 폭력, 지배, 배척보다는 공감, 배려, 협력을 체화한 보노보가 주목을 받기 시작했습니다.

여전히 지금 이 순간에도 우리 마음속에는 침팬지와 보노보가 한바탕 전쟁을 치르고 있습니다. 참, 확실한 것이 하나 있죠. 우리 인류가 앞으로 지구에서 오랫동안 생존하기 위해서는 이 전쟁에서 침팬지가 아닌 보노보가 이겨야 합니다. 만약 침팬지가 승리한다면 결국 우리는 자멸하고 말 테니까요. 여러분의 마음속 풍경은 어떻습니까?

과학 고전 엮어 읽기

모두 사라지고, 인간만이 남은 지구

우리 인간과 사촌지간인 침팬지와 보노보, 또 다른 유인원인 고릴라, 오랑우탄의 미래는 밝지 않습니다. 열대 우림의 파괴, 밀렵, 감염병 유행 등으로 현재 야생에 남아 있는 침팬지는 15만 마리, 고릴라는 9만 5,000마리, 보노보는 2만 9,500~5만 마리, 오랑우탄은 4만 5,000~6만 9,000마리에 불과할 것으로 추정됩니다. 침팬지, 보노보, 고릴라, 오랑우탄이 사라진 지구에서 우리 인간이 계속해서 생존할 수 있을까요? 프란스 드 발은 이렇게 말합니다.

> 우리가 가진 유전자를 정도의 차이만 있을 뿐 대부분 공유하고 있는 가장 가까운 동물조차 보호하지 못한다면, 우리 인간 역시 그 수가 줄어들 것이다. 만약 이들이 사라지도록 내버려 둔다면, 나머지 모든 동물들도 사라져갈 것이고, 우리가 지구상에서 유일한 지적 생명체라는 예언이 현실로 나타날지도 모른다.
>
> ―같은 책, 340쪽.

더 읽어봅시다!

프란스 드 발, 『침팬지 폴리틱스』, 장대익·황상익 옮김, 바다출판사, 2018.
프란스 드 발, 『공감의 시대』, 최재천·안재하 옮김, 김영사, 2017.

제3부

궁극의 과학

모든 것의 이론을 향해

20세기 후반의 영향력 있는 생물학자였던
스티븐 제이 굴드는 회의주의자였습니다.
그는 "이토록 아름다운 다양성을 지닌 세계"를 물리학의 추상적인
법칙으로 설명하려는 환원주의를 거부한다고 목소리를 높였습니다.
하지만 앞으로도 오랫동안 복잡한 현상을 설명하는
단 하나의 원리를 찾으려는 과학자는 계속해서 등장할 거예요.
왜냐하면 과학의 중요한 특징이 복잡한 사실로부터
단순한 설명을 찾는 것이니까요.
단, 설명의 단순함에 집착하면서 정작 그 설명 대상인
사실의 복잡함을 잊어서는 곤란합니다.

• 청소년들이 읽을 때 지도가 필요한 책 •

통섭의 과학자, 야심 찬 프로젝트

『인간 본성에 대하여』
에드워드 윌슨

이번에 같이 읽어볼 과학 고전은
생물학자 에드워드 윌슨의 대표작 『인간 본성에 대하여』다.
인간의 모든 사회적 행동과 본성은 생물학적 현상일 뿐이며,
사회생물학과 진화학적 방법론으로 분석될 수 있다고 주장하는 이 책은
1978년 출간 당시 인종 · 문화 · 전쟁 · 종교 · 윤리 · 성 등 인간의 모든 사회적 행동과
본성에 대한 새로운 관점과 해석으로 화제가 되었으며,
오늘날 자연과학과 인문·사회과학을 아우르는 '통섭'에 대한
논의의 출발점이 되는 책이기도 하다.

물벼락을 맞은 과학자

1978년 2월 15일에 있었던 일입니다. 과학자 여럿이 모인 학술회의 자리에서 한 과학자가 자기 강연 차례를 기다리고 있었어요. 그때 한 젊은 여성이, 앉아 있는 그에게 다가가 머리 위에다 얼음물 한 주전자를 쏟아부었습니다. 동시에 다른 이들 몇몇이 연단에 올라가 그를 조롱하는 현수막을 흔들었습니다.

"Wilson, you're all wet."(윌슨, 당신은 완전히 틀렸어.)

요즘 같으면 소셜 미디어에서 몇 날 며칠 동안 화제가 될 이 봉변의 주인공은 하버드 대학교 생물학과 교수 에드워드 윌슨이었습니다. 그는 1975년에 『사회생물학』을 펴내고 나서 빈부 격차나 성차별과 같은 기존의 사회적 불평등을 옹호하는 과학자로 비판받았죠.

윌슨이 『사회생물학』에서 예고한 "하등 동물인 아메바의 군체•부터 현대 인간 사회에 이르기까지 모든 생물 행동의 사회학적 기초를 자세히 탐구하는" 사회생물학은 이렇게 채 빛을 보기도 전에 우생학••과 같은 사이비 과학으로 낙인찍혔습니다. 하지만 윌슨은 저런 봉변을 당하고도 예고된 강연을 포기하지 않았습니다.

그리고 곧바로 『인간 본성에 대하여*On Human Nature*』(1978)를 펴냅니다. 이 책은 그에게 첫번째 퓰리처 상을 안겨주었습니다〔윌슨은 자신의 원래 연구 분야인, 대표적인 사회성 곤충 개미에 대한 책 『개미*The Ants*』(1990)로 나중에 두번째 퓰리처 상을 받습니다〕.

사회생물학은 승리했을까

『인간 본성에 대하여』는 훗날 『통섭*Consilience*』(1998)으로 이어지는 과학자 윌슨의 집요한 지적 여정의 야심 찬 신호탄이었습니다. 윌슨은 『통섭』에서 인간의 행동을 이해하려면 서로 소통하지 않았던 자연과학과 문학, 역사학, 철학 같은 인문학, 또 사회학, 경제학, 정치학, 인류학 같은 사회과학이 '통합'되어야 한다고 주장합니다.

그런데 여기서 주의해야 할 것이 있습니다. 윌슨이 얘기하는

• 조직화된 방식으로 생활하고 서로 밀접한 상호작용을 하는 한 종의 생물 집단.
•• 유전 법칙을 바탕으로 인류의 유전적 소질을 향상·감퇴시키는 사회적 요인을 연구하여 인간 종의 개선을 연구하는 학문.

'통섭'은 물리학자도 셰익스피어의 작품을 읽고, 사회학자도 열역학 제2법칙이 무엇인지를 아는 식의 소통이 아닙니다. 그는 진화의 과정에서 만들어진 지금의 인간 종이 가진 특징(본성)을 파악한다면, 그것을 토대로 개미 같은 곤충뿐만 아니라 인간 행동의 비밀까지도 파악할 수 있으리라고 기대했습니다.

그러니까 통섭은 자연과학, 특히 사회생물학을 중심으로 문학, 역사학, 철학, 사회학, 경제학, 정치학 등을 모조리 통합하는 거대한 프로젝트인 셈입니다. 그동안 인문학이나 사회과학이 해결하지 못한 혹은 해결했다고 생각한 인간 행동의 비밀을 바로 생물학이 해결해주리라고 주장한 것이죠.

그는 이런 통섭을 향한 지적 프로젝트를 '사회생물학'이라고 이름 붙였습니다. 그리고 『사회생물학』에서 그 프로젝트를 예고하고, 『인간 본성에 대하여』에서 대중을 상대로 그 개요를 선보인 것이죠. 그렇다면 『사회생물학』 또 『인간 본성에 대하여』에서 그가 제시한 이 프로젝트는 과연 성공했을까요?

1978년 윌슨이 그런 봉변을 당하고 또 『인간 본성에 대하여』를 펴낸 지 40년이 넘은 지금 사회생물학의 성적표는 어떨까요? 일단 사회생물학의 통찰을 (동물의 한 종인) 인간까지 확장해보려는 윌슨과 그의 동료의 영향력은 여전히 제한적입니다(주류 인문학이나 사회과학에서 사회생물학은 여전히 찬밥 신세입니다).

하지만 적어도 (이런 게 존재한다면) '교양 시장'에서 사회생물학은 확실히 시민권을 얻었습니다. 리처드 도킨스의 『이기적 유전자』 그리고 『인간 본성에 대하여』 등으로 시작한 사회생물학, 또 (이름을 슬쩍 바꾼) 진화심리학은 전 세계 과학 교양 출판 시장의 마르지 않는 샘물입니다.

윌슨의 동료 존 올콕이 이미 2001년에 『사회생물학의 승리*The Triumph of Sociobiology*』에서 공언했던 일이 적어도 교양 시장에서는 기정사실이 되었습니다. 그리고 그 과정에서 윌슨이 했던 과학자 또 글쟁이로서의 중요한 역할은 아무리 강조해도 지나치지 않습니다. 『인간 본성에 대하여』는 그 생생한 증거죠.

혹은 새로운 우생학이 되었을까

여기서 먼저 윌슨이 왜 저런 봉변을 당했는지부터 살펴볼까요? 1978년 윌슨이 당한 봉변에는 분명히 1970년대 미국 대학가의 분위기가 한몫했습니다. 오늘날도 미국 사회에서 대학은 학교 밖에서는 씨가 마른 좌파의 영향력이 그나마 남아 있는 곳이죠. 1970년대는 지금보다 대학에서 좌파의 영향력이 훨씬 더 컸습니다.

흑백 차별에 반대하는 흑인 민권 운동, 여성 해방 운동 등으로 상징되는 '68 혁명'의 영향력이 당시만 하더라도 대학 사회에 강하게 남아 있었습니다. 또 미군이 참전한 베트남 전쟁 반대 운동도 대학을 중심으로 진행되고 있었어요. 거기다 마오쩌둥의 문화대혁명[*] 등의 세례를 받은 이른바 '신좌파'도 득세했죠.

윌슨이 근무하던 미국 동부 보스턴의 하버드 대학교 역시 사정은 마찬가지였습니다. 특히 스티븐 제이 굴드Stephen Jay Gould(1941~2002), 리처드 르원틴Richard Lewontin(1929~), 존 벡위드 등을 중심으로 한 교수와 학생은 과학기술과 제국주의, 또 자본주의의 공모에 대한 문제의식을 벼리던 중이었어요. 즉 과학기술이 전쟁, 빈부 격차 등을 낳는 제국주의와 자본주의에 도움을 준다는 비판 의식이 퍼지던 상황이었죠.

이런 그들에게 '인간 본성' 운운하는 윌슨의 사회생물학은 분명히 수상쩍게 보였을 거예요. 왜냐하면 그들은 제국주의나 자본주의가 아닌 좋은 사회 체제를 만들 수 있다면 사람들이 살아가는 모습도 변하리라고 기대했거든요. 그러니까 자본주의 사회에서 경쟁이 자연스러웠다면 사회주의 사회에서는 협력이 자연스럽게 여겨지리라고 생각했던 거예요. 그런데 서로 경쟁하는 것이 인간의 본성이라면 이런 그들의 비전은 가망 없는 것이 되겠죠?

윌슨과 그의 동료는 이런 비판자의 주장이 일종의 '허수아비 때리기'[**]였다고 여깁니다. 그런 측면이 분명히 있습니다. 하지

- [*] 1966년부터 1976년까지 10년간 중국의 최고 지도자 마오쩌둥이 주도했던 사회주의 운동. 전근대적인 문화 및 자본주의 타파와 사회주의 실천을 목표로 했다.
- [**] 상대방 주장의 일부를 과장하거나 왜곡해 반박함으로써 그 주장 전부를 비판하는 것처럼 보이게 하는 논증 오류.

만 지금의 시점에서 돌이켜보면, 사회생물학을 둘러싼 당시의 논쟁은 훨씬 더 넓은 맥락에서 음미해볼 필요가 있어요. 과학 지식과 사회의 상호작용에 초점을 맞춰보면 여러 가지 측면에서 재평가할 수 있기 때문이죠.

굴드와 같은 비판자에게 사회생물학의 논리는 새로운 것이 아니었습니다. 우생학에 열광했던 사람은 히틀러뿐만이 아니었어요. 그들의 선배 '과학 좌파,' 특히 1930년대 영국을 중심으로 활동했던 과학자 여럿은 과학기술을 통해서 사회주의 유토피아를 만드는 일이 가능하다고 믿었습니다. 그리고 그런 이들의 생각 가운데는 생물학 지식을 통한 인류의 '개선'도 포함되어 있었죠.

이런 선배의 오류를 비판하면서 등장한 굴드나 르원틴 같은 신좌파 과학자들이, 과학 지식이 사회와 상호작용하면서 낳는 효과에 민감해한 것은 어찌 보면 당연한 일이었습니다. 그들이 보기에 사회생물학은 윌슨과 그의 동료의 부정에도 불구하고, 우생학과 비슷한 사회적 효과를 낳을 가능성이 충분히 있었습니다.

한 가지 예를 들어보죠. 앞에서도 언급했듯이 2014년 8월 20일, 도킨스는 자신의 트위터에 다운 증후군 태아의 낙태를 권하는 짧은 글을 올렸다가 몰매를 맞았습니다. 저는 그의 글에서 "부도덕immoral"이라는 단어가 먼저 눈에 들어왔어요. 그렇습니다. 그는 다운 증후군 아이를 낳는 일을 부도덕하다고 판단한 것입니다.

도킨스의 판단은 사실 낯선 것이 아닙니다. 윌슨과 그의 동료는 역사적으로 볼 때, 몸이 불편하거나 지적 장애가 있는 아이는 상대적으로 보살핌을 적게 받거나, 영아 때 살해당하는 현상이 두드러졌다는 사실을 지적합니다. 그리고 이것을 "자신의 좋은 유전자만 세상에 남기려는 본능"에 따른 인간의 행동이라고 설명하죠.

우생학으로 인류의 '개선'을 꿈꾸던 히틀러나 과거의 과학 좌파들이 가장 손쉽게 생각했던 것이 바로 '정상' 범주에서 벗어난 이들의 말살이었습니다. 그러니까 다운 증후군 아이를 낳는 일을 부도덕하다고 당당하게 얘기하는 도킨스, 또 그런 태아를 살해하는 현상이 인간 본성에 기인한 것으로 생각하는 윌슨과 우생학을 신봉하던 이들의 거리는 생각보다 멀지 않습니다.

굴드 같은 과학자는 이런 식의 논리를 못 견뎌 했습니다. 다운 증후군 태아의 낙태를 권하는 도킨스가 여론의 몰매를 맞은 데서 알 수 있듯이, 지금은 아주 많은 사람이 다운 증후군 같은 심각한 장애를 안고 태어난 아이라도 사회의 구성원으로서 어울려 살아가는 것이 '옳다'고 생각하고, 또 자신에게 그런 일이 닥쳤을 때 실천에 옮깁니다. 이것이야말로 본성과 구별되는 문화의 힘이죠. 물론, 이 대목에서 윌슨은 다음과 같이 반박합니다.

가죽끈을 끊을 수 있는 힘

여기서부터는 좀더 정신을 집중해서 읽으세요. 『인간 본성에 대하여』에서 윌슨은 진화에서 비롯된 인간 본성(유전자)을 '가죽끈'에 비유하고 있습니다. 그에 따르면, 인간의 문화는 그것을 묶는 가죽끈에 어떤 식으로든 속박을 받을 수밖에 없습니다. 그러니까 인간의 문화는 인간 본성이 허용하는 선 안에서만 자율성을 가진다는 것입니다.

사회생물학의 이런 사유는 현대 철학의 두드러진 흐름 가운데 하나인 '구조주의'와 닮았습니다. 여기서 알쏭달쏭한 개념인 구조주의를 아주 쉽게 설명하기는 쉽지 않습니다. 다만 지금까지 읽어본 구조주의에 대한 여러 설명 가운데 우치다 다쓰루의 것이 보통 사람의 눈높이에 맞습니다. 그는 구조주의를 이렇게 설명합니다.

> 우리는 늘 어떤 시대, 어떤 지역, 어떤 사회 집단에 속해 있으며 그 조건이 우리의 견해나 느끼고 생각하는 방식을 기본적으로 결정한다. 따라서 우리는 생각만큼 자유롭거나 주체적으로 살고 있는 것이 아니다. 오히려 대부분의 경우 자기가 속한 사회 집단이 수용한 것만을 선택적으로 '보거나, 느끼거나, 생각하기' 마련이다. 그리고 그 집단이 무의식적으로 배제하고 있는 것은 애초부터 우리의 시야에 들어올 일이 없고, 우리의 감수성과 부딪치거나 우리가 하는 사색의 주제가 될

일도 없다.•

그러니까 구조주의는 '자율적'이라고 믿는 우리의 판단과 행동마저도 이미 존재하는 어떤 구조, 예를 들면 역사, 언어, 습속 혹은 사회적 관계에 의해서 제약을 받고 있다는 생각입니다. 『자본』을 쓴 카를 마르크스나 『슬픈 열대』를 쓴 클로드 레비-스트로스의 사유가 전형적인 구조주의의 예죠.

사회생물학도 마찬가지입니다. 진화의 흔적을 연구함으로써 우리의 판단과 행동을 제약하는 어떤 구조를 파악할 수 있으리라는 생각이 바로 그 핵심에 놓여 있어요. 마르크스가 가죽끈을 역사 속에서 형성된 사회적 관계(자본주의)라고 보았다면, 사회생물학은 그것을 진화의 흔적(유전자)이라고 보는 것이 다를 뿐입니다.

이런 점에서 보면 마르크스에 열광했던 한국 사회의 좌파 지식인 가운데 몇몇이 최근 사회생물학에 호감을 가지는 것도 이해 못 할 바가 아닙니다. 강력한 구조의 힘이 작용하는 원리를 파악하면, 인간과 사회의 핵심을 파악할 수 있으리라는 생각에서는 그들이 신봉한 마르크스주의와 사회생물학이 상당히 흡사할 테니까요.

이제 냉정한 평가가 필요한 시점입니다. 저는 『인간 본성에

• 우치다 다쓰루, 『푸코, 바르트, 레비스트로스, 라캉 쉽게 읽기』, 이경덕 옮김, 갈라파고스, 2010, 27쪽.

대하여』에서 윌슨이 얘기한 것보다 훨씬 더 문화의 힘이 세다고 생각합니다. 즉 지금 이 순간에도 인간이 창조하고 또 모방하며 만들어내는 문화는 그것을 묶고 있는 본성(진화), 역사, 언어, 습속과 같은 온갖 종류의 가죽끈을 언제든지 끊을 힘을 가지고 있습니다.

진화가 빚은 인간 본성과 같은 한 가지 구조의 힘만으로 환원하기에는 개개인의 마음과 마음이, 또 그것이 어우러져서 빚어내는 인간사의 복잡성이 상상을 넘어선다는 것을 『인간 본성에 대하여』를 쓸 당시의 윌슨은 미처 알지 못했습니다. 이 책은 지금 읽어도 여전히 흥미로운, 한 시대를 상징하는 고전이지만 읽고 나서 답답한 이유가 여기에 있습니다.

과학 고전 엮어 읽기

에드워드 윌슨과 대멸종

1929년생인 에드워드 윌슨은 우리 시대의 중요한 과학자 가운데 한 사람입니다. 그는 사회생물학의 창시자로 알려져 있지만, 사실 그의 메시지 가운데 더 중요한 것은 대멸종에 대한 경고입니다. 그는 인류의 활동으로 지구에 존재하는 생물종의 다양성이 얼마나 심각하게 파괴되고 있는지를 일찌감치 경고해왔습니다.

그가 2002년에 펴낸 『생명의 미래*The Future of Life*』는 『월든』의 저자 헨리 데이비드 소로에게 보내는 편지로 시작해서, 자신에게 결코 우호적이지 않았던 환경 운동가를 비롯한 사회 운동가에게 찬사를 보내는 것으로 끝냅니다. 경제 성장만 추구하는 국가와 기업이 중심이 되어 진행 중인 대멸종 사태를 막을 희망으로 사회 운동을 꼽은 것이죠.

> 거의 열대림의 반이 이미 벌채되었습니다. 세계의 마지막 미개척지는 실제로 사라졌습니다. 동식물 종들은 사람이 등장하기 전보다 100배 이상이나 빠른 속도로 사라져가고 있으며, 21세기 말에는 반 정도가 사라져버릴지도 모릅니다. 세 번째 천 년기의 벽두에 아마겟돈이 시작된 것입니다. 그러나 이것은 우주 전쟁이나, 『성서』에서 예언된 인류의 불지옥이 아닙니다. 이것은 번성하고 있으며 영리하다고 자부하는 인류에 의한 지구의 파멸입니다.
>
> —에드워드 윌슨, 『생명의 미래』, 전방욱 옮김, 사이언스북스, 2005, 31쪽.

더 읽어봅시다!

에드워드 윌슨, 『통섭』, 최재천 · 장대익 옮김, 사이언스북스, 2005.
에드워드 윌슨, 『지구의 절반』, 이한음 옮김, 사이언스북스, 2017.
게리 워스키, 『과학……좌파』, 김명진 옮김, 이매진, 2014.

• 청소년들이 읽을 때 지도가 필요한 책 •

느낌은 힘이 세다

『스피노자의 뇌』
안토니오 다마지오

흔히 처음 만나는 사람의 첫인상은 3초 만에 결정된다고 한다.
이렇게 첫인상, 첫 느낌이 우리의 의사 결정에
중요한 역할을 미치는 이유는 무엇일까?
안토니오 다마지오의 『스피노자의 뇌』를 읽으며 그 이유를 알아보자.

첫인상의 위력

"영국인들은 5년마다 자신들이 대표를 직접 선출하므로 스스로 자유롭다고 생각한다. 그러나 그들은 5년 중 단 하루만 자유로울 뿐이다."

4년마다 국회의원을 뽑는 선거가 있습니다. 위의 인용문은 시민이 직접 정치를 하는 방식이 아니라 대표를 선거로 뽑아서 정치를 맡기는 대의민주주의가 마뜩지 않았던 철학자 장-자크 루소가 비웃으며 한 말이죠. 하지만 이 말은 역설적으로 선거가 민주주의에서 얼마나 중요한 일인지 강조합니다.

2005년 6월 10일 과학 잡지 『사이언스』에 알렉산더 토도로프 등이 흥미로운 연구 결과를 발표했습니다. 미국의 프린스턴 대학교 학생을 대상으로 미국 하원의원 후보의 사진을 1초간 보여준 뒤 "누가 더 유능해 보이는가? 그래서 누구를 뽑을 것인가?" 하고 물었습니다. 그런 뒤 실제 선거 결과를 살폈더니, 이 응답과 68.8퍼센트나 일치했습니다.

그러니까 대부분의 사람은 '민주주의의 꽃'으로 불리는 선거를 할 때, 첫인상으로 판단하는 경우가 많다는 것이죠. 사실 선거 때만 그런 것도 아닙니다. 곰곰이 생각해보면, 우리는 신학기에 친구를 선택할 때도 대부분 첫인상으로 호오好惡를 결정합니다. 그렇다면 이렇게 첫인상, 첫 느낌이 우리의 의사 결정에 중요한 영향을 미치는 이유는 무엇일까요? 뇌과학계의 철학자로 통하는 안토니오 다마지오Antonio R. Damasio(1944~)의 『스피노자의 뇌*Looking for Spinoza*』(2003)는 바로 이 질문에 답하는 책입니다.

정서와 느낌의 비밀

『스피노자의 뇌』에서 가장 눈여겨볼 부분은 '정서emotion'와 '느낌feeling'의 구분입니다. 잠시 평소 쓰는 언어 습관은 잊고서 다마지오의 정의를 그대로 따라가봅시다.

정서는 거칠게 설명하면 자극에 대한 반응입니다. 예를 들어, 초등학교 때 남몰래 좋아했던 짝꿍을 시간이 지난 다음에 길거리에서 우연히 마주쳤다고 합시다. 그 순간 가슴이 콩닥콩닥하는 등 말로 표현할 수 없는 상태로 몸이 반응을 하겠죠. 이런 몸의 반응이 다마지오가 말하는 정서입니다.

숲속을 걷다가 곰을 만났을 때라든가 학원을 빼먹고 피시방에서 놀다가 장에 다녀오는 어머니를 마주칠 때라든가 오랜만에 예기치 못하게 첫사랑을 마주칠 때도 마찬가지입니다. 우리 몸은 자극(열쇠)에 맞춤한 정서 촉발 부위(자물쇠)가 있어서 다양한 반응(몸이 얼어붙는다든가 가슴이 뛴다든가 등)을 하게 됩니다.

다마지오가 굳이 정서와 구별한 느낌은 무엇일까요? 다시 예기치 못하게 첫사랑을 마주쳤을 때로 돌아가보죠. 첫사랑을 마주치자마자 먼저 가슴이 뛰는 등 몸이 반응할 거예요. 그리고 거의 동시에 머릿속에는 그 사람과의 추억, 언젠가 딱 한 번 손을 잡았을 때의 감촉, 첫사랑을 묘사한 드라마나 영화의 장면 등 온갖 것들이 머릿속에 떠오를 겁니다.

그리고 이런 모든 기억, 생각 등이 정서에 덧붙여져서 이렇게 머릿속으로 정리하겠죠. '그래, 보고 싶었어!' 바로 이런 지극히 주관적인 결론이야말로 다마지오가 얘기한 느낌입니다. 그러니까, 정서가 일차원적인 반응이라면 느낌은 그보다 훨씬 더 고차원적인 결론인 셈입니다.

피시방을 나오다 어머니를 마주쳤을 때도 마찬가지입니다. 먼저 몸이 얼어붙겠죠. 거의 동시에 머릿속에는 저번 주에도 똑같은 일로 어머니께 혼났던 일(기억)이 생각날 거예요. 한편으로는 어머니가 장을 오가는 길이 아니라 뒷길로 나갈걸 하는 후회(생각)도 되고, 어머니가 아버지에게 말하면 어떡하나 하는 걱정, 또 미처 깨지 못한 게임에 대한 아쉬움도 들 테고요.

이런 기억, 생각 등이 정서에 덧붙여져서 머릿속으로 이렇게 정리됩니다. '나는 큰일 났구나!' 자, 이제 다마지오가 얘기하는 정서와 느낌이 무엇인지 감이 오죠?

몸과 마음은 하나다

다마지오는 굳이 왜 이렇게 정서와 느낌을 구분했을까요? 이 대목이 중요합니다. 다마지오가 『스피노자의 뇌』 전체를 통해서 반박하고자 한 핵심 개념은 '몸(육체)과 마음(영혼)의 이분법'입니다. 그는 전작인 『데카르트의 오류*Descartes' Error*』(1994)에서부터 바로 이 몸과 마음을 나누는 이분법을 강하게 비판했죠.

알다시피 르네 데카르트는 근대 철학의 토대를 닦은 위대한 철학자입니다. 하지만 그는 오늘날까지도 이어지는 통념을 반복했습니다. 즉 몸과 마음을 분리한 것이죠. 그는 유한한 몸과는 다른 영원불멸한 마음을 가정한 다음에, 이 몸과 마음의 상호작용의 결과가 바로 인간 활동이라고 보았습니다.

과학자이자 수학자이기도 했던 데카르트로서는 몸과 마음이 '어떻게' 상호작용하는지도 설명해야 했어요. 그래서 그는 뇌 안의 작은 조직 '송과선'•에서 몸과 마음이 상호작용한다고 주장했습니다. 당연히 말도 안 되는 얘기였죠. 하지만 데카르트의 이런 주장은 지금도 여전히 많은 사람의 통념에 뿌리박혀 있습니다.

• pineal gland. '솔방울샘'의 전 용어. 좌우 대뇌 반구 사이 셋째 뇌실의 뒷부분에 있는 솔방울 모양의 내분비기관으로, 생식샘 자극 호르몬을 억제하는 멜라토닌을 만들어낸다.

이제 감이 오죠? 다마지오는 정서가 촉발하고 느낌으로 귀결되는 과정을 통해 몸과 마음이 둘로 나뉘어 있는 게 아니라 사실은 연속선상에 놓인 '하나'라고 주장하고 싶었던 거예요. 이 모든 과정이 이루어지는 중요한 무대는 바로 우리 뇌고요. 다마지오는 이렇게 결론을 내립니다.

> 정상적인 환경에서 몸과 뇌와 마음은 따로 분리할 수 없는 하나이다.•

아직 감이 안 오는 친구를 위해 다마지오가 『스피노자의 뇌』에서 소개한 예를 하나 들어보죠. 드라마나 영화를 볼 때 주인공에게 감정 이입하는 경우가 종종 있습니다. 주인공이 슬픈 상황에 처하면 자기도 모르게 눈물이 납니다. 과학자들은 이렇게 타인의 감정에 공감하는 역할을 하는 신경 세포를 발견하고 '거울 신경 세포mirror neuron'라는 이름을 붙였습니다.

이 거울 신경 세포는 인간 뇌의 앞부분(전두엽 피질••)에 분포해 있습니다. 이런 사실을 염두에 두고서, 과학자들은 대뇌 피질의 다양한 부위에 손상을 입은 환자 100여 명을 대상으로, 미지의 인물이 여러 정서를 드러내는 표정을 짓고 있는 사진을 보여줬습니다. 그리고 사진 속의 인물이 되어서 어떤 감정을 표현하

• 안토니오 다마지오, 『스피노자의 뇌』, 임지원 옮김, 사이언스북스, 2007, 226쪽.
•• 대뇌나 소뇌의 겉층을 만드는 회백질부.

는지 따라 해보라고 요구했죠.

결과는 어땠을까요? 크게 두 부류의 환자가 사진 속 주인공과 공감하는 데 실패했습니다. 첫번째 부류는 시각과 관련된 대뇌 피질이 손상된 환자였습니다. 당연하죠. 시각이 손상되면 사진을 제대로 판독하는 것 자체가 불가능할 테니까요. 흥미로운 것은 뇌의 우반구에 위치한 '체성 감각• 피질'이라는 곳에 손상을 입은 두번째 부류였습니다.

이 환자들은 사진 속 주인공이 어떤 표정을 짓고 있는지 판독하는 데는 아무런 문제가 없었습니다. 하지만 이들은 사진 속 주인공이 되어서 그들이 어떤 감정 상태인지를 모방할 수 있는 능력이 결여되었습니다. 이처럼 인간을 인간답게 하는 가장 중요한 마음의 기능인 공감 능력이 발휘되는 곳도 바로 뇌입니다.

인류를 구하고, 속이는 첫인상

이제 글머리에서 제기한 궁금증을 해소할 차례입니다. 왜 우리는 그렇게 첫인상, 즉 첫 느낌에 예민하게 반응할까요?

이 대답에 답하고자 다마지오는 『스피노자의 뇌』에서 여러 연구 결과를 소개합니다. 예를 들어, 정서적으로 유효한 자극을 일으키는 대상을 아주 빠른 속도로 사람들에게 보여주면서 뇌의

• 피부 감각, 운동 감각, 평형 감각을 통틀어 이르는 말.

상태를 관찰해보았습니다. 당연히 사람들은 자기가 무엇을 보았는지 전혀 알지 못했죠. 하지만 놀랍게도 뇌의 편도•는 활성을 띠는 모습을 보였습니다.

과학자들은 뇌 영상 기술을 통해 뇌 깊은 곳에 있는 편도가 시각적·청각적 자극의 중요한 정서 촉발 부위라는 사실을 확인했습니다. 특히 편도는 여러 정서 가운데서도 공포나 분노의 정서 촉발에 관여하는 자물쇠입니다. 즉 편도가 손상된 환자는 공포나 분노의 느낌을 가져야 마땅한 상황에서도 아무런 반응을 보이지 않습니다(이 역시 몸과 마음이 하나라는 증거죠).

특히 뇌의 편도 신경 세포가 유쾌한 자극보다는 불쾌한 자극에 반응하는 비율이 높다는 연구 결과는 주목할 만합니다. 한번 생각해보세요. 인류는 덩치가 큰 다른 동물이 먹다 남긴 찌꺼기조차도 구하기가 어려울 정도의 열악한 환경에서 지금과 같은 모습으로 진화해왔습니다. 당연히 순간순간마다 생존 투쟁의 연속이었겠죠.

이런 상황에서 인류의 생존에 가장 필요한 효과적인 재능은 무엇이었을까요? 맞습니다. 눈 깜짝할 새에 일어나는 수상한 움직임이나 갑자기 맞닥뜨린 낯선 동물의 첫인상을 포착해 재빠르게 피하는 능력이야말로 가장 효과적이었을 겁니다. 그렇다 보니 유쾌한 반응보다는 당장 생존 자체를 위협하는 불쾌한 반

• 측두엽 내부에 존재하는 아몬드와 비슷한 형태를 띤 뇌 구조물로, 감정적 정보를 처리한다. 이 부분이 손상되면 공포, 분노, 슬픔, 혐오 등과 같은 감정을 잘 인식하지 못한다.

응에 더 예민하게 된 거고요.

그런데 바로 이 대목에서 문제가 발생합니다. 진화 과정에서 우리 몸에 정착된 첫인상, 첫 느낌의 신호는 21세기를 살아가는 우리에게도 여전히 큰 영향을 미칩니다. 프린스턴 대학교의 똑똑한 학생들이 정치인의 첫인상으로 투표 대상을 결정했던 사례도 이런 사정과 무관하지 않겠죠.

이것은 큰 문제입니다. 알다시피 국회의원은 우리의 삶에 영향을 주는 수많은 의사 결정을 하는 직책입니다. 당연히 국회의원은 첫인상과 같은 이미지가 아니라 그 사람의 비전, 가치, 식견, 경험 등을 종합적으로 판단해서 선출해야 합니다. 그런데 우리는 진화가 몸에 새겨놓은 흔적 때문에 이런 중요한 결정을 첫인상에 맡겨버리는 것이죠.

10원짜리 동전에 얽힌 느낌

느낌은 생각보다 훨씬 더 힘이 셉니다. 친구, 연예인, 정치인 같은 사람뿐만 아니라 우리가 살아가면서 접하는 수많은 사물, 사건 등도 정서나 느낌과 무관하지 않습니다. 예를 들어, 저 같은 경우에는 10원짜리 동전을 볼 때마다 마음이 뭉클해집니다. 몇 년 전에 돌아가신 할머니가 10원짜리 동전에 겹쳐지기 때문입니다.

어릴 적 시골 할머니 댁에 갈 때마다 종종 할머니 머리맡에 앉아서 흰머리를 뽑곤 했습니다. 할머니는 흰머리를 하나씩 뽑을 때마다 손자에게 10원씩 주곤 했죠. 어느새 할머니 머리가 전부 하얘지고, 또 염색약이 등장하면서 저는 이 10원짜리 아르바이트를 더 이상 할 수가 없었어요. 하지만 수십 년이 지난 지금도 저에게 10원짜리 동전은 특별한 느낌을 불러일으키는 사물입니다.

친구들도 한번 주변을 둘러싸고 있는 사물을 하나씩 떠올려 보세요. 분명히 사물마다 제각기 다른 느낌이 따라올 테니까요. 이제 다마지오가 수많은 연구 주제를 제쳐두고 느낌에 주목한 이유를 알겠죠? 느낌은 진화 과정에서 인류가 생존할 수 있도록 돕는 기능을 수행했을 뿐만 아니라 지금도 기쁨, 슬픔, 연민처럼 인간을 가장 인간답게 하는 감정의 토대를 이루고 있습니다.

단, 느낌이 이렇게 힘이 세다 보니, 그것을 이용해 우리를 속이려는 이들이 있습니다. 바로 자기 잇속만 차리면서도 겉은 번지르르한 정치인이 대표적인 예입니다. 바뤼흐 스피노자Baruch Spinoza(1632~1677)는 "해로운 감정을 극복하려면 오로지 이보다 더 강력하고 긍정적인 감정, 즉 이성이 촉발한 감정"이 필요하다고 주장했습니다. 4년마다 찾아오는 선거에서 우리에게도 바로 이런 감정이 필요합니다.

네번째 스피노자를 찾아서

마지막으로 한 가지 의문을 풀어야겠죠. 이 책의 한국어판 제목은 '스피노자의 뇌'입니다. 원제는 아예 '스피노자를 찾아서*Looking for Spinoza*'입니다. 책의 앞부분과 뒷부분 3분의 1은 스피노자의 삶에 할애되어 있을 정도죠. 다마지오는 왜 느낌의 실체를 과학적으로 해명하는 책에 17세기의 철학자 스피노자를 호출했을까요?

흔히 철학사에서 스피노자는 당대의 교회와 의견을 달리하고, 신에 대한 새로운 개념을 내놓은 종교학자로 알려져 있습니다. 또 그는 책임 있고 행복한 시민으로 구성된 이상적인 민주 국가를 추구했던 열정적인 정치학자이기도 했습니다. 한편으로 스피노자는 데카르트가 그렇듯이 기하학의 증명 방법을 통해서 우주와 인간 존재를 해명하려고 노력한 과학자였습니다.

다마지오는 이 책에서 이렇게 널리 알려진 스피노자에게 네번째 얼굴이 있었음을 강조합니다. 그는 자신을 포함한 과학자가 현재 밝히고 있는 몸과 마음의 관계, 또 정서와 느낌의 본질을 상당 부분 이미 스피노자가 먼저 사색했다고 주장합니다. 그러니까 스피노자는 오늘날 뇌과학이 파헤치고 있는 마음의 비밀을 이미 수백 년 전에 알고 있었다는 것입니다.

이제 스피노자가 정말로 그랬는지 친구들이 직접 판단할 차례입니다. 솔직히 말하면, 정서와 느낌의 본질을 해명하는 부분은 상당히 어렵습니다. 그렇다면 스피노자의 행적을 추적하는 부분만 먼저 읽어도 충분합니다. 다마지오를 포함한 수많은 후학들이 왜 스피노자를 추종하는지 그 이유를 알게 될 테니까요.

더 읽어봅시다!

안토니오 다마지오, 『느낌의 진화』, 임지원·고현석 옮김, 아르테, 2019.
데이비드 이글먼, 『더 브레인』, 전대호 옮김, 해나무, 2017.
데이비드 이글먼, 『인코그니토』, 김소희 옮김, 쌤앤파커스, 2011.
샘 킨, 『뇌과학자들』, 이충호 옮김, 해나무, 2016.
샘 킨, 『사라진 스푼』, 이충호 옮김, 해나무, 2011.
리사 펠드먼 배럿, 『감정은 어떻게 만들어지는가?』, 최호영 옮김, 생각연구소, 2017.
야론 베이커스, 『스피노자』, 정신재 옮김, 푸른지식, 2014.

• 청소년들이 읽을 때 지도가 필요한 책 •

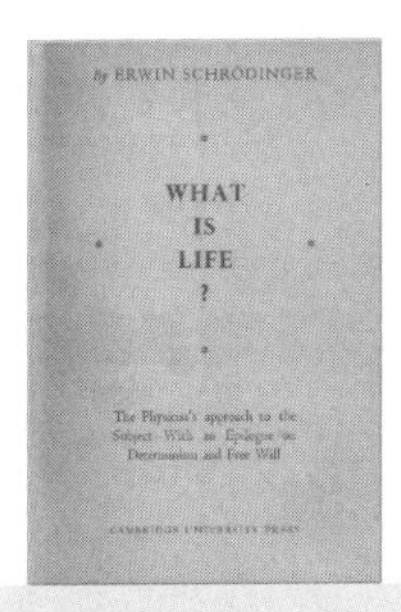

생명은 '정보'다!
물리학자의 과학 통일의 꿈

『생명이란 무엇인가』
에르빈 슈뢰딩거

『생명이란 무엇인가』는 '유전자는 왜 변하지 않는가'
'생명체는 어떻게 그 자체가 붕괴되려는 경향에 맞서는가' 등
생명 현상을 둘러싼 개념적 논제들을 다룬 과학 고전이다.
그런데 이 책을 쓴 슈뢰딩거는 생물학자가 아닌
노벨물리학상을 수상한 물리학자라는 점에서 특히 눈길을 끈다.
물리학자의 관점에서 바라본 생명에 관한 통찰,
이는 당시 과학계에 어떤 영향을 가져다주었을까?

슈뢰딩거가 쏘아올린 생명의 불꽃

앞에서 살폈던 제임스 왓슨의 『이중나선』을 읽다 보면 아주 흥미로운 대목이 있습니다. 자신과 프랜시스 크릭이 생명 현상에 관심을 가지게 된 계기가 바로 에르빈 슈뢰딩거Erwin Schrödinger(1887~1961)의 『생명이란 무엇인가*What is Life?*』(1944)를 읽은 것이라고 고백한 부분입니다. 심지어 크릭은 이 책을 읽고서 물리학에서 생물학으로 자신의 전공 분야마저 바꿔버렸습니다.

> 내가 케임브리지 대학교로 오기 전까지만 해도 크릭은 DNA 및 이 물질이 유전에 미치는 영향을 대수롭지 않게 여기고 있었다. 이는 그가 DNA에 흥미를 느끼지 못했기 때문이 아니다. 오히려 정반대이다. 그가 물리학을 떠나 생물학에 관심을 갖게 된 것은 저명한 이론물리학자 슈뢰딩거가 쓴 『생명이란 무엇인가』라는 책을 1946년에 읽고 나서였다.*

* 제임스 왓슨, 『이중나선』, 최돈찬 옮김, 궁리, 2019, 31쪽.

대학교 새내기 때 처음 『이중나선』을 읽고서 저 역시 이 부분에 이렇게 메모를 해뒀더군요. "슈뢰딩거? 물리학자가 왜?" 그렇습니다. 슈뢰딩거는 현대 물리학의 두 기둥 가운데 하나인 양자역학의 토대를 닦은 과학자입니다. 이런 과학자가 자신의 전공 분야와 상관없어 보이는 '생명이란 무엇인가'라는 제목의 책을 내다니요!

더구나 이 책에는 뭔가 특별한 게 있음이 틀림없습니다. DNA 이중나선 구조를 밝혀내 생명의 비밀에 한 걸음 다가간 왓슨과 크릭이 이구동성으로 『생명이란 무엇인가』를, 생물학을 향한 열정을 불태우기 시작한 출발점이라고 고백하고 있으니까요. 덧붙이자면 왓슨은 2006년 나온 『이중나선』 한국어판 서문에서 이 책을 특별히 다시 언급하며 이렇게 말했죠.

> 생명에 대한 호기심은 1944년 『생명이란 무엇인가』를 읽었을 때 불꽃처럼 타올랐다.*

이들만이 아니었습니다. 슈뢰딩거가 이 책의 토대가 되는 강연을 했던 시점(1943년 2월)에서 50년이 지난 1993년 9월에는 로저 펜로즈Roger Penrose(1931~), 스티븐 제이 굴드, 재러드 다이아몬드Jared Diamond(1937~), 존 메이너드 스미스John Maynard

* 같은 책, 5쪽.

Smith(1920~2004) 같은 유명한 과학자들이 한자리에 모여 슈뢰딩거의 주장을 놓고 토론을 벌이기도 했습니다. 이들의 설전은 『생명이란 무엇인가? 그 후 50년*What is Life? The Next Fifty Years*』(1997)이라는 책으로도 묶였죠.

이쯤 되면 궁금해질 수밖에 없습니다. 도대체 그 많은 과학자는 슈뢰딩거의 어떤 주장에 매혹된 걸까요?

생물학의 바깥에서 생명 말하기

1944년 『생명이란 무엇인가』를 펴냈을 때, 슈뢰딩거는 이미 과학계의 슈퍼스타였습니다. 46세의 이른 나이에 노벨물리학상(1933)을 수상한 이 천재 과학자는 당시 독특한 위상을 가지고 있었죠. 그는 당대의 가장 첨단 학문 가운데 하나인 양자역학의 창시자 중 한 사람이었지만, 한편으로는 그것의 강력한 비판자이기도 했습니다.

그의 이름이 붙은, 세상에서 가장 유명한 고양이 '슈뢰딩거의 고양이'가 등장한 것도 이런 맥락이었죠. 슈뢰딩거는 1935년 연말에 발표한 논문에서 이 고양이를 등장시키면서 양자역학을 둘러싼 지배적인 해석(흔히 '코펜하겐 해석'으로 불립니다)에 결정타를 날렸습니다. 그러고 나서 그는 전쟁을 피해 유럽의 변방 아일랜드의 더블린에서 은둔 생활에 들어갔죠.

이 시점에 슈뢰딩거는 자신이 그때까지 몰두하던 양자역학을 넘어서 과학 전반을 두루 고민합니다. 이때 『생명이란 무엇인가』의 아이디어가 탄생했죠. 그러니 이 책은 한 분야에서 최고 정점에 선 과학자가 여유를 가지고 좀더 넓은 시각으로 이 분야 저 분야를 두루두루 살피고 나서 내놓은, 요즘 말로 하면 융합의 결과물이라고 할 수 있습니다.

이런 슈뢰딩거의 태도는 오늘날 과학자의 모습과는 많이 다르죠. 요즘은 과학자들이 자기 전공 분야를 넘어서 다른 분야를 놓고 이러쿵저러쿵하는 일이 사실상 금지되어 있습니다. 어떤 과학자가 이런 금기를 깨고 다른 학문 분야에 대해 한두 마디 논평을 했다가는 당장 과학계에서 따돌림을 당하기 십상이죠.

하지만 앞에서 『과학혁명의 구조』를 함께 읽으면서 확인했듯이, 당대의 특정 분야를 연구하는 과학자는 자기만의 틀(패러다임)에 갇혀 있을 가능성이 큽니다. 그 안에 있으면서 기존의 관점을 뒤집는 새로운 틀을 내놓기란 거의 불가능하죠. 울타리 밖에 있는 과학자의 새로운 관점이 필요한 것도 이 때문입니다.

슈뢰딩거가 그랬습니다. 그는 『생명이란 무엇인가』를 통해 물리학자의 입장에서 생명에 대한 새로운 관점을 제시하고 싶었습니다. 그리고 그 시도는 대성공을 거뒀습니다. 그런 점에서 이 책은 오늘날 화두가 된 학문 간 소통, 융합, 통섭이 실제로 어떻게 이뤄질 수 있는지를 보여주는 좋은 본보기 가운데 하나입니다.

물리학이 모든 것을 설명할 것이다, 생명 현상까지도

그렇다면 당대 최고의 물리학자였던 슈뢰딩거가 갑자기 생명에 관심을 가지게 된 이유는 무엇일까요? 그는 이렇게 말합니다.

> 물리학은 앞으로 가장 복잡하고 신비한 현상을 규명해야 하는 상황에 직면할 것이다. 그것은 바로 생명이다.•

사실 이 대목을 쓰면서 슈뢰딩거는 약간 엄살을 떨었습니다. 그는 실제로는 생명 현상을 "복잡하고" "신비한" 것이라고 여기지 않았습니다. 그는 생명 현상이 아직 불가사의하게 여겨지는 건 자신과 같은 물리학자가 나서지 않았기 때문이라고 생각했습니다. 즉 물리학자가 마음만 먹는다면 생명 현상의 신비는 금방 풀릴 거라고 예상했죠.

슈뢰딩거가 이처럼 자신만만한 데는 다 이유가 있었습니다. 그는 이렇게 자문자답합니다. '생명 현상은 특별한가?' '아니다.

• 슈뢰딩거가 직접 쓴 원문은 다음과 같다. "크고 중요하며 아주 많이 논의된 다음과 같은 질문이 있다. 살아 있는 유기체의 공간적 경계 안에서 일어나는 시간과 공간 속의 사건들을 물리학과 화학으로 어떻게 설명할 수 있을까? 이 작은 책이 설명하고 확립하고자 하는 대답을 이렇게 요약할 수 있다. 현재의 물리학과 화학이 그 사건들을 설명하지 못한다는 사실은 그 과학들이 언젠가 그 사건들을 설명하리라는 점을 의심할 이유가 전혀 될 수 없다."(『생명이란 무엇인가』, 전대호 옮김, 궁리, 20쪽)

우리가 속한 세상에서 생명 현상만이 특별해야 할 까닭이 없다.' '그렇다면 생명 현상을 어떻게 설명할 수 있을까?' '다른 자연 현상을 물리학으로 설명할 수 있듯이 생명 현상 역시 최종적으로 물리학으로 설명할 수 있다.'

슈뢰딩거가 세상을 이해하는 이런 방식을 흔히 '환원주의'라고 합니다. 여러 과학 영역의 문제가 겉보기에는 제각각처럼 보이지만, 따져보면 모두 물리학으로 설명할 수 있으리라는 발상이죠. 그는 양자역학이 원자 같은 미시 세계를 설명하고, 상대성이론이 우주 같은 거시 세계를 설명했듯이 물리학이 생명 현상의 비밀을 파헤치는 것도 시간문제라고 봤습니다.

『생명이란 무엇인가』가 나온 지 80년 가까이 된 지금의 시점에서 이런 예언을 평가해보면 어떨까요? 슈뢰딩거의 장담과는 다르게 생명 현상의 모든 것을 명쾌하게 설명하는 물리학은 아직 등장하지 않았습니다. 여전히 상당수 과학자는 '모든 것의 이론Theory of Everything'을 꿈꾸지만, 점점 더 많은 과학자가 그 가능성에 회의를 느끼는 상황이죠.

20세기 후반의 영향력 있는 생물학자였던 스티븐 제이 굴드도 그런 회의주의자입니다. 그는 『생명이란 무엇인가』의 메시지를 "(물리학으로 하나가 되는) 과학 통일 운동"이라고 평가하면서, "이토록 아름다운 다양성을 지닌 세계"를 물리학의 추상적인 법칙으로 설명하려는 환원주의를 거부한다고 목소리를 높입니다.

하지만 앞으로도 오랫동안 생명 현상을 설명하는 단 하나의 원리를 찾으려는 과학자는 계속해서 등장할 거예요. 왜냐하면 과학의 중요한 특징이 복잡한 사실로부터 단순한 설명을 찾는 것이니까요. 단, 설명의 단순함(물리학)에 집착하면서 정작 그 설명 대상인 사실(생명 현상)의 복잡함을 잊어서는 곤란합니다. 슈뢰딩거는 바로 이 지점에서 실수를 했습니다.

'정보'가 전부일까

슈뢰딩거의 『생명이란 무엇인가』가 여전히 빛을 발하는 부분은 따로 있습니다. 그는 생명의 본질을 유전자에 새겨진 '정보'로 보았습니다. 그는 몇 개 코드의 조합으로 쓰인 유전자야말로 생명체의 설계도와 그것을 만드는 방법까지 고스란히 담긴 정보의 보고寶庫로 보았죠.

당대의 생물학 연구 동향에 문외한이었던 슈뢰딩거는, 유전자의 유력한 후보로 20개 아미노산의 조합으로 만들어지는 단백질을 꼽았습니다. 그러나 그에게 영향을 받은 왓슨, 크릭과 같은 젊은 세대는 유전자가 곧 이중나선으로 꼬여 있는 DNA이고, 유전 정보는 그것을 구성하는 4개 염기인 아데닌A과 티민T, 구아닌G, 사이토신C의 조합(이때 아데닌은 티민과, 구아닌은 사이토신과 염기쌍을 이룹니다)이라는 사실을 발견했죠.

그렇다면 생명이 곧 유전 정보라는 슈뢰딩거의 이런 시각은 현대 생물학의 모습을 어떻게 바꿨을까요? 한편에서는 유전 정보를 자르고 붙여서 생명 현상 자체를 과학자가 마음대로 조작할 수 있다는 가능성이 제기됐습니다. 생명이 곧 정보라면, 그 정보를 삭제하고 덧붙이고 바꿔치기하지 말란 법이 없으니까요. 1970년대 들어서 유전자 조작 기술을 앞세운 생명공학이 등장하게 된 데는 이런 사정이 한몫했습니다.

다른 한편에서는 유전 정보만 샅샅이 찾아낼 수 있다면, 생명의 비밀도 순식간에 풀리리라고 기대했습니다. 20세기 후반에 제임스 왓슨을 대표로 한 수많은 과학자가 인간의 유전자 전체의 지도를 그리는 인간 게놈 프로젝트에 매달린 것도 이 때문이었습니다. 생명이 정보 그 자체라면, 그 정보만 제대로 찾아내면 되리라고 생각한 거죠.

생물학과 함께 발전한 정보 기술과 로봇 기술 역시 과학자에게 새로운 고민거리를 안겨주었죠. 만약 생명이 정보일 뿐이라면 개나 고양이, 더 나아가 인간과 유사한 의사 결정을 내릴 수 있는, 정보가 담긴 칩으로 움직이는 로봇의 존재를 어떻게 받아들여야 할까요? 슈뢰딩거의 시각대로라면, 생명체와 이런 로봇 사이의 경계는 흐릿합니다.

하지만 2003년 4월, 13년에 걸친 인간 게놈 프로젝트가 끝나고 나서 생명이 곧 유전 정보라는 슈뢰딩거의 시각은 큰 도전에 직면합니다. 이 프로젝트를 통해 예상보다 훨씬 적은 약 2만 5,000개의 인간 유전자를 모두 다 찾았지만, 생명 현상에 대해서 알기는커녕 모르는 것이 더 늘어났기 때문입니다.

당장 유전자에 새겨진 유전 정보만으로는 생명 현상 전체를 이해하는 데 한계가 있음이 밝혀지고 있습니다. 유전자를 둘러싼 환경이 생각보다 훨씬 더 중요하다는 사실이 확인된 거죠. 예를 들어 우리가 스트레스를 많이 받느냐, 단 걸 자주 먹느냐, 화학물질에 얼마나 노출되느냐 등과 같은 모든 것이 유전자와 상호작용하면서 생명 현상을 빚어내고 있습니다.

마침 이런 혼란을 상징적으로 보여준 사건이 있었습니다. 1953년 왓슨과 크릭의 논문을 실었던 과학 잡지 『네이처』가 2013년 4월 25일에 60주년 기념 기사를 실었습니다. 그런데 기사의 제목이 이렇습니다. 'DNA: Celebrate the Unknown.' (DNA—모르는 것을 기념하라.) 지금 우리는 생명의 비밀에 한 걸음 더 다가가기는커녕 더욱더 모르는 것투성이인 상태가 되었음을 보여준 거죠.

20세기 과학자 슈뢰딩거

『생명이란 무엇인가』를 다시 읽으면서 슈뢰딩거야말로 '20세기 과학자'라는 생각을 해봤습니다. 슈뢰딩거가 주춧돌을 놓는 데 큰 역할을 했던 양자역학은 아인슈타인의 상대성 이론과 함께 20세기 물리학을 지배했습니다. 20세기 전반이 '물리학의 시대'로 불리는 데 그 역시 큰 공을 세운 셈이죠. 형광등부터 컴퓨터나 스마트폰까지 양자역학이 응용되지 않는 분야가 없는 걸 염두에 두면 현대의 디지털 문명 자체가 그에게 큰 빚을 지고 있습니다.

앞에서 살폈듯이 슈뢰딩거는 여기서 그치지 않았죠. 그는 『생명이란 무엇인가』를 통해 생명이 곧 정보라는 시각에 기반을 둔 생물학의 새로운 비전을 제시했습니다. 그리고 이런 비전을 좇은 많은 과학자가 20세기 후반, 분자생물학에 기반을 둔 '생물학의 시대'를 활짝 열어젖혔죠.

그렇다면 슈뢰딩거가 과연 20세기를 넘어서 '21세기 과학자'로도 우뚝 설 수 있을까요? 『생명이란 무엇인가』를 새롭게 읽은 친구들의 손에 슈뢰딩거의 운명이 달려 있습니다.

'슈뢰딩거의 고양이'는 죽었을까 살았을까

'슈뢰딩거의 고양이'는 사실 세상에서 가장 유명한 고양이이자 가장 불쌍한 고양이입니다. 슈뢰딩거의 설명을 들어보면 이렇습니다. 여기 고양이 한 마리가 내부가 보이지 않는 상자 안에 갇혀 있습니다. 이 상자 안에는 독가스가 든 유리병이 달려 있는데, 유리병은 망치로 때리면 부서집니다.

이 망치는 한 시간에 50퍼센트의 확률로 붕괴하는 방사성 원자 한 개에 의해서 작동합니다. 만약 그 원자가 붕괴되어 망치가 작동한다면 유리병은 깨지고 독가스가 나와서 고양이는 죽겠죠. 반면에 원자가 붕괴되지 않아 망치가 작동하지 않는다면 고양이는 목숨을 건질 수 있어요. 그러니까 슈뢰딩거의 고양이는 생사의 기로에 선 가장 불쌍한 고양이입니다.

슈뢰딩거가 이 불쌍한 고양이 이야기를 들려준 까닭은 무엇일까요? 한 시간이 지나고 나서 상자를 열기 전까지 우리는 고양이가 살았는지 죽었는지 결코 알 수 없어요. 하지만 우리는 고양이가 살았거나 죽었다는 걸 직관적으로 알고 있습니다. 고양이가 살아 있기도 하고 동시에 죽어 있기도 한 상태는 불가능하죠.

그런데 양자역학이 지배하는 미시 세계에서는 사정이 다릅니다. 미시 세계에서 원자 한 개는 동시에 서로 다른 두 가지 상태에 있을 수 있어요(이를 '중첩'이라고 부릅니다). 그렇다면 앞의 방사성 물질은 붕괴하기 전이면서 동시에 붕괴한 상태일 수 있겠죠. 그렇다면 불쌍한 고양이는 어떻게 될까요? 논리적으로는 살아 있기도 하고 동시에 죽어 있기도 한 상태가 되어야 해요.

슈뢰딩거는 자신이 창시자 가운데 하나인 양자역학이 이런 모순을 일으키는 상황이 불만스러웠습니다. 그는 양자역학에 심각한 결함이 있으리라고 생각했어요. 실제로 슈뢰딩거와 이런 생각을 공유했던 과학자가 한 사람 더 있습니다. 바로 상대성 이론을 만들고 양자역학에도 지분이 있었던 또 다른 천재 과학자 알베르트 아인슈타인이었죠.

더 읽어봅시다!

후쿠오카 신이치, 『생물과 무생물 사이』, 김소연 옮김, 은행나무, 2008.
마이클 머피·루크 오닐 엮음, 『생명이란 무엇인가? 그 후 50년』, 이상헌·이한음 옮김, 지호, 2003.
월터 무어, 『슈뢰딩거의 삶』, 전대호 옮김, 사이언스북스, 1997.

• 청소년들이 꼭 읽어야 할 책 •

복잡한 세상, '혼돈'에서 '질서'를 찾자

『카오스』
제임스 글릭

카오스 이론이 등장하기 전까지 과학계는 복잡 다양한 현상을
기본적인 하나의 원리나 요인으로 설명하려는 환원주의가 지배적이었다.
이런 기성 과학계에 새로운 패러다임을 제시한 카오스 이론은
등장 이후 경제·경영학, 생태학, 의학, 인문학, 복잡계 과학 등 많은 분야에
영향을 끼치며 21세기의 화두인 복잡계와 네트워크 과학의 뿌리가 되었다.
이 이론의 발생 과정과 핵심 개념을 정리한 제임스 글릭의 『카오스』를 함께 읽어보자.

카오스를 놓고 벌어진 설전

저는 대학을 다니면서 종종 전공과는 전혀 관계없는 과목을 수강하곤 했습니다. 대학교 2학년 때인가는 뜬금없이 독어독문학과 과목을 청강했죠. 지금 우리가 살아가는 현대 사회의 정체성(현대성)을 문학, 철학, 과학 등 다양한 텍스트를 읽으며 따져보는 수업이었어요. 고등학교 때 제2외국어로 독일어를 배우긴 했지만, 고스란히 잊은 저로서는 참으로 힘겨운 강의였죠.

그래도 꼬박꼬박 수업을 찾아 듣던 어느 날, 흥미로운 일이 벌어졌어요. 한 과학 이론을 놓고서 독문과 학생과 저 사이에 설전이 일어난 거죠. 문제의 그 과학 이론이 이번에 우리가 살펴볼 '카오스chaos' 이론입니다. 상당히 긴 시간 동안 오고 간 그날의 설전을 거칠게 요약하면 이렇습니다.

독문과 학생은 카오스 이론이 세상이 어떻게 돌아가는지를 단 하나의 방식, 그러니까 만유인력의 법칙과 같은 과학 법칙으로 설명할 수 있다는 생각을 부정하는 과학 이론이라고 주장했습니다. 즉 세상을 과학으로 설명할 수 없음을 보여주는 증거가 카오스 이론이라는 거죠.

그 수업에서 유일한 과학도였던 저는 그런 주장에 동의할 수 없었어요. 왜냐하면 카오스 이론은 굉장히 복잡해 보이는 현상의 이면에 자리 잡은 질서를 찾으려는 시도로 이해했거든요. 그러니까 카오스 이론은 '혼돈'이라는 뜻의 이름과는 정반대로, 세상의 모든 것을 과학으로 설명해보려는 과학자의 또 다른 시도일 뿐이죠.

이날의 설전은 결국 무승부로 끝났습니다. 독문학을 전공한 교수를 포함해서 그 자리의 누구도 둘 가운데 누가 맞는지 결론을 내릴 수 없었으니까요. 그럼 둘 가운데 어느 쪽이 진실일까요? 카오스 이론을 대중적으로 알리는 데 혁혁한 공을 세운 제임스 글릭James Gleick(1954~)의 『카오스*Chaos*』(1987)를 읽으며 그 의문에 답해보죠.

'나비 효과'와 공포의 기하급수

'만유인력의 법칙' 하면 사과가 떠오르듯이, 카오스 이론에도 극적인 일화가 있습니다. 때는 1961년 겨울로 거슬러 올라갑니다. 미국 북동부 매사추세츠 주 케임브리지 시에는 세계적으로 유명한 대학인 매사추세츠 공과대학Massachusetts Institute of Technology, MIT이 있죠. 그 대학의 과학자 에드워드 로렌츠Edward Norton

Lorenz(1917~2008)는 당시로서는 상당히 성능이 좋은 컴퓨터로 한창 기상 예측 모델을 시험 중이었어요.

그러던 어느 날, 로렌츠는 몇 달 전에 작업했던 기상 예측 시뮬레이션을 다시 한번 검토하기로 합니다. 1분 1초가 아까웠던 그는 지름길을 택했죠. 이전에 출력한 데이터의 초기 조건을 컴퓨터에 직접 입력한 거예요. 그리고 한 시간 뒤, 당시만 하더라도 엄청났던 컴퓨터 소음을 피해서 차를 한잔 마시고 돌아온 그는 깜짝 놀랍니다.

시뮬레이션 결과가 몇 달 전의 그것과 크게 달라진 거예요. 도대체 무엇이 문제였을까요? 컴퓨터에 직접 입력한 초기 조건의 숫자들이 문제였습니다. 애초 숫자는 0.506127과 같은 소수점 이하 여섯 자리였는데, 로렌츠는 그중에서 0.506처럼 소수점 이하 세 자리만 입력했거든요. 1만분의 1 정도의 차이가 전혀 다른 결과를 낳은 거죠.

바로 카오스 이론이 탄생하는 순간이었습니다. 초기의 미세한 변화가 결과에 엄청난 차이를 만들어낸다는 이런 로렌츠의 발견은 흔히 '나비 효과butterfly effect'로 불립니다. 맞아요. '베이징에서 한 나비의 작은 날갯짓이 뉴욕에 태풍을 일으킬 수 있다'는 그 나비 효과죠.

이제 카오스 이론이 무엇인지 좀더 확실하게 살펴보죠. 눈앞에 도저히 예측이 불가능할 정도로 복잡하게 움직이는 물체가 있습니다. 그런데 그 물체의 운동은 복잡해 보이긴 하지만 사실은 아주 간단한 방정식을 따르는 것이죠. 카오스 이론은 이렇게 복잡한 현상 이면에 있는 기본 원리를 찾으려는 노력입니다.

카오스 이론을 공부하는 과학자들은 이 기본 원리를 이렇게 표현합니다. "초기 조건에 대해 지수함수로 민감한 반응을 보이는 운동." 여기서 말하는 지수함수는 우리가 일상생활에서 "기하급수로 증가한다"고 말하는 것입니다. 기하급수가 얼마나 무서운지 보여주는 유명한 이야기가 있죠.

전쟁에서 이기고 돌아온 장군에게 왕이 소원을 한 가지 말하라고 했어요. 그래서 장군이 첫날은 10원, 다음 날은 20원, 그다음 날은 40원, 이렇게 2배씩 상금을 달라고 말했죠. 처음에 이런 장군의 소원을 듣고서 왕이나 다른 신하들은 비웃었습니다. 그런데 두 달이 지난 뒤 장군이 받아 갈 상금은 얼마가 되었을까요? 놀라지 마세요. 그날 하루에만 1,152경 9,215조…… 왕이나 다른 신하는 기하급수가 얼마나 무서운지 몰랐던 거죠. 이처럼 기하급수, 즉 지수함수로 민감한 반응을 보이는 운동은 초기의 아주 작은 차이가, 시간이 조금만 지나도 엄청나게 다른 결과를 낳는답니다.

카오스, 현대 과학의 역설

그렇다면 여기서 처음의 질문에 한번 답해볼까요? 앞서 살펴봤듯이 카오스 이론은 굉장히 복잡해 보이는 현상을 아주 간단한 지수함수 방정식으로 정리해보려는 시도입니다. 그러니까, 앞의 설전에서 제가 주장했듯이 카오스 이론은 세상의 모든 현상을 과학 법칙으로 설명하고 싶어 하는 과학자의 욕망이 고스란히 반영된 이론인 셈이죠.

지금 과학자들은 카오스 이론을 통해서 아주 복잡해 보이는 현상도 단순한 방정식으로 기술할 수 있습니다. 만약에 지금의 컴퓨터와는 비교할 수 없을 정도로 성능이 좋은 컴퓨터가 존재한다면, 그래서 상상을 초월할 정도로 엄청나게 많은 양의 데이터를 빠른 속도로 처리할 수 있다면 복잡한 현상의 미래를 예측하는 일도 이론적으로는 가능하겠죠.

한편 저와 설전을 벌였던 그 독문과 학생의 주장도 일리가 있습니다. 왜냐하면 우리는 카오스 이론의 나비 효과를 통해서, 초기 조건이 조금만 달라져도 그 결과가 크게 달라질 수밖에 없다는 사실을 알기 때문입니다. 앞에서 살펴봤듯이 처음에는 거의 무시해도 좋을 만큼 작은 오차도 기하급수로 몇 번만 지나면 아주 큰 차이가 될 테니까요.

이런 사정을 염두에 두면 복잡한 현상의 미래를 예측하는 일은 현실적으로 불가능합니다. 우선 인간이 실제로 만들 수 있는 컴퓨터의 성능에는 한계가 있을 수밖에 없습니다. 더구나 그렇게 성능이 좋은 '신의 컴퓨터'가 존재한다고 하더라도 미처 고려하지 못한 초기 조건의 작은 오차가 있겠죠. 이런 초기 조건의 작은 오차는 전혀 예상치 못한 결과를 낳을 테고요.

기후를 연구하는 많은 과학자는 날씨가 바로 카오스 이론의 예라고 생각합니다. 기상청 슈퍼컴퓨터의 성능이 좋아지면서 우리는 오늘 오후나 내일 아침의 날씨는 비교적 정확히 압니다. 하지만 불과 일주일만 지나도 일기 예보의 정확도는 50퍼센트 미만으로 낮아집니다. 초기의 작은 오차가 시간이 지날수록 기하급수로 증폭되면서 정확도가 떨어지는 것이죠.

이처럼 카오스 이론은 현대 과학의 성취와 한계를 동시에 보여주는 독특한 사례입니다. 복잡한 현상을 간단한 방정식으로 환원하려는 현대 과학의 집요함이 카오스 이론을 낳았죠. 하지만 그렇게 만들어진 카오스 이론은 역설적으로 과학이 아무리 발전해도 미래를 예측하는 일은 불가능하다는 걸 보여줍니다.

실패, 그리고 새로운 시도

1987년 『카오스』를 처음 펴내면서 글릭은 20세기 과학 혁명의 세 가지 성취로 상대성 이론, 양자역학, 그리고 카오스 이론을 꼽았습니다. 1977년에는 카오스 이론을 연구한 과학자 가운데 일리야 프리고진Ilya Prigogine(1917~2003)이 노벨화학상을 받기도 했죠. 카오스 이론을 상징하는 나비 효과는 영화, 소설 등 대중문화 속에도 깊이 뿌리를 내렸고요.

카오스 이론 이후에 과학자들은 그동안 자신이 연구 대상으로 여기지 않았던 것들에 주목하기 시작했습니다. 날씨와 같은

ⓒ Charles Schmitt/wiki

▲ 카오스 이론에서 나온 프랙털fractal은 작은 구조가 전체 구조와 비슷한 형태로 끝없이 되풀이되는 구조를 가리킨다. 눈 결정, 리아스식 해안선, 산맥의 모습 등에서 자연의 프랙털 구조를 확인할 수 있다.

복잡한 자연 현상은 물론이고 주식 시장의 주가 변동, 감염병 혹은 범죄의 확산 경로 같은 것도 연구 대상이 되었죠. 심지어 아름다운 자연 풍경을 지수함수의 방정식으로 표현해보려는 노력도 있었고요(이런 노력은 어느 정도 성공했습니다!).

하지만 『카오스』가 나온 지 30년이 지난 지금의 시점에서 보면 정작 카오스 이론 자체에 대한 관심은 식었습니다. 당장 카오스 이론을 연구하는 과학자의 수는 상대성 이론, 양자역학 등과 비교할 수 없을 정도로 적습니다. 그러고 보니 카오스 이론으로 노벨상을 받은 과학자도 프리고진이 유일합니다. 왜일까요?

카오스 이론은 우리에게 중요한 세상의 진실을 알려줬습니다. '세상에 딱 한 가지 확실한 것이 있다면 세상이 불확실하다는 것이다.' 하지만 과학을 통해 세상의 비밀을 파헤쳐보려는 야망을 가진 과학자에게 이런 메시지는 참으로 맥 빠지는 것이죠. 밤새도록 몇 년 몇 달 연구를 했는데 기껏 알아낸 결론이라는 게 '모른다!' 이뿐이라면 얼마나 기운이 빠지겠어요.

실제로 카오스 이론은 일주일 뒤의 날씨뿐만 아니라 주식 시장의 주가를 예측하는 데도, 감염병이나 범죄의 확산 경로를 예측하는 데도 실패했습니다. 그럴 만했죠. 예를 들어, 주식 시장의 주가가 오르내리는 데는 셀 수 없이 많은 변수가 개입합니다. 이렇게 복잡한 현상을 아주 간단한 방정식으로 기술하려는 것은 정말로 불가능한 임무였죠.

그럼 카오스 이론이 꿈꿨던, 혼돈에서 질서를 찾으려는 노력은 실패로 끝났을까요? 아닙니다. 지금은 그 바통을 '복잡계 complex system' 과학이 이어받았습니다.

카오스 이론에 자극받아 세상 만물의 복잡한 현상을 연구하던 과학자는 의외의 사실을 발견합니다. 여기 수많은 변수가 상호작용하면서 나타나는 현상이 있습니다. 주식 시장에서 주가가 갑자기 폭락하거나, 어떤 아이돌 가수가 남녀노소를 불문하고 전 국민의 사랑을 받는 일이 그런 예죠. 이런 현상은 결코 단순한 지수함수의 방정식으로는 기술할 수 없습니다.

그런데 이렇게 여러 변수가 상호작용하며 나타나는 현상을 따져보면 의외로 단순한 규칙(패턴)을 따르기도 합니다. 남녀노소 수만 명이 축구장이나 야구장에서 응원할 때, 저마다 다른 특성을 가진 수많은 개인이 모여 있는데도 전체가 마치 하나처럼 똑같은 규칙에 따라서 움직입니다. 만약 그 규칙을 알고 있다면 수만 명이 어떻게 응원할지 예측할 수 있겠죠.

카오스 이론을 이은 복잡계 과학은 복잡한, 특히 여러 변수가 상호작용하는 현상의 이면에 존재하는 규칙을 발견하려는 시도입니다. 지금 이 순간에도 많은 과학자가 수많은 신경 세포의 연결이 빚어낸 뇌 활동, 다양한 행위자의 상호작용으로 나타나는 경제 활동, 심지어 유언비어나 유행어가 어떻게 확산되는지를 놓고서 그 이면의 규칙을 발견하려고 애쓰고 있습니다.

"확실성은 더 이상 필요 없게 되었다"

글릭의 『카오스』는 불확실성에 맞닥뜨린 과학자의 고민과 도전을 생생히 그린 역작입니다. 이 책에서 생생히 그린 카오스 이론은 복잡계 과학 등으로 이어져 여전히 현재 진행형입니다. 그 원동력은 규칙 따위는 없어 보이는 복잡한 현상의 혼돈(카오스)을 꿰뚫는 질서(코스모스)를 찾으려는 과학자의 욕망이고요.

여기서 한 가지 삐딱한 질문을 해보고자 합니다. 혼돈에서 질서를 찾으려는, 카오스를 코스모스로 진압하려는 과학자의 욕망은 과연 채워질 수 있을까요? 과학의 도움으로 우리가 미래를 예측하게 된다면, 그래서 미래가 조금 더 확실해진다면 과연 우리는 더 행복해질까요? 일리야 프리고진은 그의 저서 『확실성의 종말』에서 이렇게 말했습니다.

> 미래는 주어지는 것이 아니다. 확실성은 더 이상 필요 없게 되었다. 이것을 인간의 패배라고 할 수 있을까? 나는 그 반대라고 믿는다.*

* 일리야 프리고진, 『확실성의 종말』, 이덕환 옮김, 사이언스북스, 1997, 199~200쪽.

과학 고전 엮어 읽기

과학 기자가 되려면 과학을 전공해야 할까요

과학기술 담당 기자가 되려면 어떤 공부를 해야 하느냐고 묻는 친구들이 있습니다. 과학기술을 놓고서 글을 쓰려면 물리학이든 생물학이든 과학기술을 전공하는 게 유리하지 않느냐는 질문도 따릅니다. 실제로 과학기술을 주제로 글을 쓰는 기자의 대부분이 이공계 출신이니 이렇게 생각하는 게 무리도 아니죠. 대학에서 생물학을 공부했던 저도 마찬가지고요.

그런데 이런 질문을 들을 때마다 떠오르는 저자가 있습니다. 바로 『카오스』를 쓴 제임스 글릭입니다. 『뉴욕 타임스』에서 10년간 과학 담당 기자 등으로 일한 글릭은 과학자가 아닙니다. 심지어 그는 대학에서도 과학을 공부한 적이 없습니다. 놀랍게도 그의 전공은 문학과 언어학이었습니다.

1987년에 나온 『카오스』는 이런 글릭이 처음으로 펴낸 책입니다. 그리고 이 책은 미국에서만 100만 부가 넘게 팔렸을 뿐만 아니라, 현대의 과학 고전으로 자리매김했죠. 수많은 과학도가 이 책을 읽고서 카오스 이론, 더 나아가 복잡계 과학 등으로 자신의 전공을 바꿀 정도로 영향력도 컸고요.

글릭은 『카오스』의 성공 이후에 아이작 뉴턴, 리처드 파인만과 같은 세상을 바꾼 과학자의 삶을 추적해 기록하는 일에 매달렸습니다. 최근에는 정보를 통해 과학을 재구성하려는 과학자의 작업을 소개하는 책 『인포메이션*Information*』(2011)으로 『카오스』에 버금가는 호평을 받았죠.

자, 이래도 과학기술에 대해 무언가 말하고 쓰려면 꼭 과학기술을 전공해야 할까요? 글릭의 예에서 보자면, 오히려 필요한 것은 과학기술 지식이 아니라 미지의 것에 대한 집요한 호기심과 사람에 대한 뜨거운 애정입니다. 『카오스』를 직접 읽으면서 글릭의 성공 비법을 직접 확인해봅시다.

더 읽어봅시다!

제임스 글릭, 『인포메이션』, 박래선·김태훈 옮김, 동아시아, 2017.
제임스 글릭, 『제임스 글릭의 타임 트래블』, 노승영 옮김, 동아시아, 2019.
제임스 글릭, 『천재—리처드 파인만의 삶과 과학』, 황혁기 옮김, 승산, 2005.

• 청소년들이 꼭 읽어야 할 책 •

바이러스 네트워크, 대한민국을 덮치다

『링크』

A. L. 버러바시

네트워크 과학은 자연과학과 인간 사회, 여러 학문 등 각 분야 내의
모든 요소가 서로 '링크'되어 있다는 점에 주목한 학문이다.
다양한 모습을 지닌 복잡한 현실이라도 자세히 들여다보면
모두가 상호 연결되어 있다는 것이다.
이런 네트워크의 힘은 우리 삶에 어떻게 활용될 수 있을까?
A. L. 버러바시의 『링크』를 읽으며, 네트워크 과학의 주요 개념에 대해 알아보자.

코로나19 유행을 예고한 메르스

2020년부터 코로나바이러스감염증-19, 즉 코로나19Coronavirus Disease 2019, COVID-19 유행으로 전 세계가 고통을 겪고 있습니다. 그런데 수년 전 이 코로나19 유행을 예고했던 일이 있었죠. 2015년, 이름도 생소한 중동호흡기증후군 메르스MERS, Middle East Respiratory Syndrome 공포가 대한민국을 덮쳤습니다. 2015년 5월 20일, 경기도 평택에서 첫번째 환자가 발생하고 나서 7월 5일까지 50일도 안 되어서 186명의 환자가 전국 곳곳에서 나타났습니다. 그 가운데 38명이 사망했고요(치명률 약 20퍼센트).

당시 메르스 유행에서 한 가지 눈여겨봐야 할 게 있습니다. 총 186명의 환자 가운데 무려 85명이 서울의 대형 병원인 삼성서울병원에서 발생했습니다. 최초로 환자가 발생한 평택성모병원도 36명입니다. 이 두 병원에서 감염된 이들 121명이 전체 환자의 약 65퍼센트를 차지합니다. 이렇게 감염병 메르스 환자가 특정 병원 두 곳에 집중되는 현상은 지극히 우연한 일일까요?

앞으로 살펴볼 『링크*Linked: The New Science of Networks*』(2002)의 저자 얼베르트-라슬로 버러바시Albert-László Barabási(1967~)를 비롯해 네트워크 과학을 연구하는 과학자의 견해는 다릅니다. 그들은 메르스 환자가 저렇게 특정 병원을 중심으로 퍼지는 현상이야말로 세상의 또 다른 진실이라고 강조합니다. 그들의 주장은 이렇습니다.

세상은 네트워크다

바로 앞에서 제임스 글릭의 『카오스』를 살피면서 복잡계를 언급한 적이 있습니다. 우리가 살고 있는 사회, 온갖 정보가 모이고 퍼지는 인터넷 공간, 수많은 물질의 상호작용을 통해서 유지되는 생명 현상, 그리고 상상을 초월할 정도로 많은 숫자의 신경 세포(뉴런)로 구성된 뇌 등이 모두 복잡계입니다.

방금 예로 든 사회, 인터넷, 생명 현상, 뇌 등의 공통점을 찾는 일은 참으로 뜬금없어 보입니다. 그런데 1990년대 들어서 몇몇 과학자가 이 모든 복잡한 현상을 꿰뚫는 한 가지 공통점을 찾고서 목소리를 높이기 시작했습니다. 그들은 이들 모두가 '네트워크'(연결망)로 이뤄졌음에 주목합니다.

그럴듯해 보이긴 하지만 네트워크 자체는 별게 아닙니다. 어렸을 때 가장 먼저 하는 그림 놀이는 점과 점을 잇는 선 긋기 놀이입니다. 선을 긋다 보면, 자연스럽게 꽃이 나오기도 하고 코끼리가 나오기도 하죠. 이런 점과 선의 연결이 네트워크입니다. 지금 살펴볼 『링크』와 네트워크 과학자는 세상의 복잡한 현상의 특징이 바로 이런 네트워크라고 주장하죠.

여기까지 읽고서 '에이, 뭐야' 하는 친구도 있을 거예요. 타인과 휴대전화로 연결(링크)되어 있는 게 당연한 10대 친구에게는 이런 네트워크 과학자의 주장이 그다지 새로워 보이지 않을 테니까요. 그런데 네트워크 과학의 진짜 흥미진진한 시도는 여기서부터 시작됩니다. 세상 여기저기에 존재하고 있는 네트워크의 특징은 과연 어떨까요?

사랑도 네트워크다

10대는 한창 사랑에 눈을 뜰 나이죠. 고백하자면, 저도 고등학교 2학년 때 처음으로 여자 친구를 사귀었습니다. 그 친구와는 대학에 와서 헤어졌는데, 최근에 그 친구가 저도 고등학교 때 알고 지냈던 다른 친구와 결혼했다는 사실을 전해 듣고서 깜짝 놀란 적이 있어요. 고등학교 때 둘은 전혀 친하지 않았거든요(세상일은 정말로 예측 불가입니다!).

이 얘기를 하는 이유는 흥미로운 실험을 하나 소개하려는 데 있습니다. 미국의 한 고등학교에서 학생들에게 누가 누구랑 연애를 하는지 물었습니다. 물론 달랑 이 질문만 하지는 않았죠. 10대 학생들이 어떻게 사는지 여러 가지를 조사하는 과정에서 이 질문을 슬쩍 끼워 넣은 겁니다. 그런데 그 결과가 정말로 흥미롭습니다.

이 설문 조사를 토대로 누가 누구랑 사귀는지 점과 선의 네트워크로 표시를 해봤죠. 그랬더니 흥미롭게도 무려 아홉 명과 사귄 친구가 있었습니다. 이 친구는 어지간히 인기가 많았던 모양이죠? 이처럼 네트워크에서 많은 선이 모이는 한 점을 '허브hub'라고 합니다. 이 인기 많은 친구는 이 고등학교 연애 네트워크의 허브였던 셈이죠.

또 다른 예도 있습니다. 미국의 한 영화 웹 사이트에는 1880년대 무성 영화부터 올해 나올 영화까지 모든 영화의 출연 배우 리스트가 공개돼 있죠. 약 20만 명 되는 이 배우들을 놓고, 같은 영화에 출연한 이들끼리 연결하면 어떻게 될까요? 배우들 사이의 방대한 네트워크가 구성됩니다.

이 배우 네트워크를 놓고서 1990년대 말에는 '케빈 베이컨' 게임이 유행한 적도 있었어요. 할리우드 배우 케빈 베이컨이 다른 배우와 얼마나 연결되어 있는지를 알아보는 게임입니다. 베이컨과 영화 「자유의 댄스」에 출연한 배우는 1단계입니다. 베이컨과 같이 영화에 출연하지는 않았지만, 「자유의 댄스」의 출연 배우와 함께 영화를 촬영한 로버트 레드퍼드는 2단계죠.

그런데 놀랍게도 케빈 베이컨은 할리우드 배우 대부분과 6단계 이내에서 연결됩니다. 이런 사정은 베이컨뿐만 아니라 다른 배우에게도 똑같이 작용됩니다. 예를 들어, 「어벤져스—에이지

오브 울트론」으로 할리우드 영화에 갓 등장하기 시작한 배우 수현 씨도 베이컨처럼 6단계 이내에서 다른 배우와 연결됩니다.

이런 놀라운 일이 어떻게 가능한 걸까요? 바로 허브 때문입니다. 할리우드에서도 꼭 주연이 아니더라도 조연으로 수많은 영화에 감초처럼 등장하는 배우가 있습니다. 이런 배우가 허브가 되어서 평생 단 한 편의 영화도 같이 출연한 적 없는 배우들을 연결하는 지름길 역할을 하는 것이죠. 마치 앞에서 본, 고등학교의 그 인기 많은 학생처럼 말이에요.

이런 흥미로운 실험을 통해서 과학자들이 말하는 것은 딱 한 가지입니다. 현실의 네트워크는 공통적으로 특징 한 가지를 가지고 있습니다. 어떤 네트워크든 선이 여러 개 모이는 점, 즉 허브가 존재해요. 그리고 이렇게 허브가 존재하는 네트워크는 마치 현실의 '항공망'과 흡사합니다.

감염병을 예방하는 특별한 방법

여기서 이런 의문이 생깁니다. 세상에 존재하는 네트워크가 마치 항공망의 모습을 띤다는 사실이 왜 중요할까요? 글머리에 언급했던 메르스 사태를 다시 한번 생각해봅시다. 메르스는 삼성서울병원과 평택성모병원의 두 곳을 통해서 거의 모든 감염이 이뤄졌어요. 병원을 중심으로 메르스 환자의 네트워크를 그려보면, 이 두 병원이 바로 허브입니다. 이처럼 항공망 모양의 네트워크는 뭐든지 아주 빠른 속도로 확산됩니다. 메르스 바이러스가 삼성서울병원, 평택성모병원 이 두 허브를 통해서 전파된 건 그 단적인 사례죠.

그렇다면, 이런 항공망 모양의 네트워크를 염두에 두고 해결책을 찾을 수도 있습니다. 감염병이 유행할 때, 제일 먼저 해야 할 것은 허브를 찾는 일입니다. 그리고 이 허브를 집중적으로 격리, 치료하면 감염병의 확산을 효과적으로 막을 수 있습니다. 2015년에 메르스가 전국으로 빠른 속도로 퍼진 데는 허브를 제대로 관리하지 못한 탓도 있었던 것이죠.

기왕에 감염병 얘기가 나왔으니 흥미로운 사례를 하나 더 소개합니다. 에이즈AIDS, Acquired Immune Deficiency Syndrome처럼 주로 성관계를 통해서 옮는 감염병이 있습니다. 만약 이런 감염병의 백신이 만들어졌다면, 어떤 사람에게 맞히는 게 가장 효율적일까요? 맞습니다. 여러 상대와 성관계를 하는 바람둥이 '카사노바'에게 접종해야 빠른 시간에 효과가 나타나겠죠.

하지만 현실에서 이런 카사노바를 찾는 일은 쉽지 않습니다. 그럼 이런 방법은 어떨까요? 사람이 많이 오가는 광장에서 백신을 나눠주고 나서 자신의 친구에게 접종할 것을 권하는 거죠. 여러 사람과 교류가 많은 허브(카사노바)는 아무나의 친구일 가능성이 클 테니, 당연히 백신을 접종받을 가능성도 커집니다. 어때요, 기발하죠? 이런 방법을 '친구 치료'라고 합니다.

이처럼 네트워크 과학은 다양한 모습의 복잡한 현실에서 허브와 같은 공통점을 찾습니다. 그리고 그 허브에 주의를 집중함으로써 복잡한 현실의 문제점을 개선하거나 더 나아가서 통제할 가능성을 찾지요. 단적으로, 사회 연결망 서비스에서 수많은 사람과 연결된 소수의 마당발이 여론을 만드는 데 얼마나 중요한 역할을 하는지 생각해보세요.

'마당발'만큼 중요한 '매개자'

지금쯤 '그래, 나도 허브가 되어야지!' 하고서 주먹을 불끈 쥐는 친구가 있을지도 모르겠습니다. 그런데 복잡한 세상의 네트워크에서 꼭 허브만 중요한 것은 아닙니다. 비록 허브가 아닐지라도 네트워크에서 없어서는 안 될 중요한 역할이 있을 수도 있습니다. 멀리 갈 것도 없이 제 경험을 살펴보죠.

저는 대학교 때까지 과학자가 되기 위한 훈련을 받았습니다. 그래서 고등학교나 대학교 때의 친구 대부분은 과학자나 엔지니어로 학교, 기업, 연구소 등지에서 일하고 있습니다. 그럼 지금은 어떨까요? 현재 저는 기자로 일하고 있습니다. 알다시피, 기자의 대다수는 문과 출신이죠. 더구나 대학원에서 사회학을 공부한 탓에 전혀 다른 배경을 가진 이들 여럿과 교류했고요.

이런 제 경험은 네트워크에서 어떤 역할을 할까요? 맞습니다. 과학자나 엔지니어로 이뤄진 네트워크와, 문과 출신의 기자나 학자로 이뤄진 네트워크가 서로 교류할 일은 거의 없습니다. 그런데 비록 허브라고 말할 정도로 연결망이 많지는 않지만, 양쪽에 걸쳐 있는 저를 통해 두 네트워크는 하나로 통합될 수 있습니다.

바로 이런 링커linker, 매개자의 역할도 중요합니다. 같은 경험을 공유한 특정 집단에서 나오는 정보는 대개 비슷하게 마련입니다. 그러니 다른 집단과의 연결이 중요하죠. 이런 연결을 하는 데는 양쪽에 걸쳐 있는 매개자의 역할이 중요합니다. 그러니 허브가 아닌 전혀 다른 집단을 연결하는 매개자를 꿈꿔보는 것도 의미가 있습니다.

네트워크 과학은 힘이 세다

휴렛팩커드 같은 회사는 직원이 주고받는 이메일 네트워크를 분석했습니다. 이메일을 많이 주고받을수록 소통이 많았던 것으로 간주한 거죠. 그리고 부서의 장벽을 무시하고, 소통이 많은 직원끼리 가까이서 일할 수 있도록 자리를 재배치했습니다. 그 결과는 어땠을까요? 당연히 업무 효율이 높아졌습니다.

이렇게 네트워크 과학은 힘이 셉니다. 왜냐하면 지금까지 과학이 감히 넘보지 못했던 사회를 분석하는 데도 효용이 있으니까요. 네트워크 과학을 대중적으로 알리는 데 큰 공을 세운 『링크』를 쓴 과학자 버러바시는 이 새로운 도구가 감염병의 확산이나 테러 같은 재앙을 미리 막을 수 있으리라고 전망합니다. 이 새로운 과학의 미래가 어떨지 참으로 흥미진진합니다.

연결망, 브뤼노 라투르에 따르면

과학자 사이에서 네트워크 과학이 각광을 받을 때, 철학자나 사회학자 사이에서는 브뤼노 라투르Bruno Latour(1947~)의 '행위자-연결망 이론Actor-Network Theory'이 인기를 끌었습니다. 그가 창안한 행위자-연결망 이론은 지금 전 세계 인문·사회과학자들이 가장 관심을 갖는 이론 가운데 하나입니다.

네트워크, 즉 연결망에 관심을 갖는다는 점은 공통적이지만 네트워크 과학과 행위자-연결망 이론은 다릅니다. 우선 행위자-연결망 이론은 인간과 비인간을 구분하지 않습니다. 네트워크 과학이 분석 수준에 따라서 인간은 인간끼리, 세포는 세포끼리, 뉴런은 뉴런끼리 나누는 것과는 달리 행위자-연결망 이론은 인간과 비인간 행위자 사이의 상호작용에 주목합니다.

가령 행위자-연결망 이론은 코로나바이러스와 같은 신종 바이러스가 퍼질 때, 인간뿐만 아니라 바이러스 자체도 하나의 행위자로 간주하자고 제안합니다. 그런 신종 바이러스가 지금 이 시점에 어떻게 한국 사회에 나타나 희생자를 찾게 되었는지 고려해야, 사태의 본질을 더욱더 정확히 파악할 수 있다는 거죠.

행위자-연결망 이론과 네트워크 과학의 결정적 차이점은 또 있습니다. 네트워크 과학은 인간이든 세포든 네트워크의 구성 인자를 가능한 한 단순하게, 즉 하나의 점으로 간주합니다. 하지만 행위자-연결망 이론은 연결망을 구성하는 행위자의 적극적인 역할에 주목하고, 심지어 그것의 정체성이 변화할 가능성에도 주목하죠.

그래서 행위자-연결망 이론은 섣부른 예측을 훨씬 더 경계합니다. 행위자의 역할, 더 나아가 그 정체성은 언제든지 변화무쌍하게 바뀔 수 있으니까요. 자, 행위자-연결망 이론과 네트워크 과학 둘 가운데 어느 것이 세상을 더 잘 설명할 수 있을까요?

더 읽어봅시다!

김범준, 『세상물정의 물리학』, 동아시아, 2015.
김범준, 『관계의 과학』, 동아시아, 2019.
홍성욱, 『홍성욱의 STS, 과학을 경청하다』, 동아시아, 2016.
브뤼노 라투르, 『브뤼노 라투르의 과학인문학 편지』, 이세진 옮김, 사월의책, 2012.

제4부

미래의 과학

기술이 사람을 만든다

군용 로봇이 상용화된다면 어떤 일이 일어날까요?
얼핏 생각하면 전쟁터에서 사람 대신 로봇이 싸우니
좋은 일 아니냐고 생각할지 모릅니다.
하지만 이번에 반대 의견을 낸 전문가들의 생각은 다릅니다.
이들은 군용 로봇을 사용하기 시작하면 정부나 군대가 전쟁을
시작하는 것을 가볍게 여길 것이라고 걱정합니다.
로봇에게 사람의 생사를 가르는 중요한 결정을 맡기고, 더 나아가
전쟁의 승패까지 좌지우지하도록 한다면 그다음은 어떻게 될까요?
분명히 각국은 (전쟁에서 이기기 위해서) 좀더 강력한
군용 로봇을 만들기 시작할 테고, 그 군비 경쟁은 20세기 중반의
핵폭탄을 둘러싼 경쟁만큼이나 과열될 거예요.
그리고 그 결과는 정말로 끔찍한 일이 될 테죠.

• 청소년들이 꼭 읽어야 할 책 •

'아인슈타인 뇌 강탈 사건'이 예고한 디스토피아

『인체 시장』
로리 앤드루스·도로시 넬킨

장기 매매 사건이 더 이상 새롭지 않은 뉴스가 되어버린 지금.
인간의 신체 조직이 상품화되는 디스토피아를 예견한
책이 있으니 바로 『인체 시장』이다.
저자들은 DNA, 혈액, 생식물질 같은 신체 조직의 가치와
그에 대한 연구 성과가 특허화되면서, 의사나 연구자 들이
사람의 몸을 상업적 교환 가치를 지닌 하나의 상품으로
인식하는 것의 위험성을 다양한 사례를 통해 경고한다.
『인체 시장』을 읽으며 이를 둘러싼 법적·사회적·윤리적 문제들을 생각해보자.

모욕당한 아인슈타인의 뇌

혹시 알베르트 아인슈타인의 '뇌'를 본 적이 있나요? 아인슈타인의 뇌는 우리나라에서도 전시된 적이 있습니다. 2005년 '상대성 이론 발견 100돌'을 기념해 그의 뇌가 한국을 찾아왔죠. 이 뇌는 1955년 아인슈타인이 사망했을 때 240조각으로 잘라서 보관해온 것입니다. 그런데 아인슈타인은 죽고 나서 자기 뇌가 세계 곳곳에서 구경거리가 될 줄 알았을까요?

실제로 아인슈타인은 생전에 어떤 종류의 추모 공간도 원하지 않았습니다. 자신을 위한 기념물, 박물관, 동상도 마찬가지고요. 심지어 자신의 사진을 이용할 권리까지 이스라엘의 히브리 대학교에 유언으로 증여할 정도로 꼼꼼했습니다. 이랬던 아인슈타인이, 죽고 나서 자신의 뇌가 구경거리가 되도록 방치하다니.

진실은 충격적입니다. 아인슈타인의 뇌는 그의 허락도 받지 않고 강탈된 것입니다. 아인슈타인의 시체 부검을 맡았던 병원의 한 의사가 도둑질한 것이죠. 그 의사는 아인슈타인이 죽기 전에 미리 동의를 구하지도 않고서 그의 뇌를 잘게 잘랐습니다. 나중에 신체 강탈이 문제가 되자, 의사는 이렇게 항변했습니다.

> "아인슈타인이 살아 있었다면 자신의 뇌에 대한 연구에 동의했을 거예요."

그렇다면 과연 의사의 주장대로 아인슈타인의 뇌는 제대로 연구되었을까요? 1978년 한 기자가 아인슈타인 뇌의 행방을 추적했을 때, 그의 뇌는 이 의사의 사무실 냉장고 뒤 술 상자 속 유리병에 보관되어 있었어요. 그 의사는 1980년대가 되어서야 몇몇 뇌과학자에게 아인슈타인의 뇌를 '마요네즈 병'에 담아서 보냈습니다.

심지어 의사는 아인슈타인 뇌의 일부를 친구에게 '크리스마스 선물'로 주기도 했습니다. 또 집에 놀러 온 친구에게 자랑하면서 플라스틱 용기 뚜껑을 열고 뇌를 꾹꾹 눌러보기도 했고요. 의사는 뇌를 훔치고 나서 41년이 지난 1996년에야 다른 뇌과학자와 공동으로 아인슈타인 뇌에 대한 논문을 발표했습니다. 물론 그 성과는 보잘것없었죠.

아인슈타인이 만약 이런 사실을 알았다면 얼마나 수치스러워했을까요? 그는 생전 한 번도 방문한 적이 없는 먼 땅(대한민국)에서 자기 뇌의 한 조각이, 부모 손에 끌려 온 아이들 앞에서 구경거리가 되는 일도 반기지 않았을 것입니다. 그런데 이렇게 아인슈타인 뇌가 반세기 동안 겪은 수난은 본격적인 '인체 시장'의 등장을 알리는 서곡에 불과했습니다.

로리 앤드루스Lori Andrews(1952~)와 도로시 넬킨이 쓴 『인체 시장*Body Bazaar*』(2001)은 생명공학이 발전하면서 인간의 신체 조직이 시장의 상품으로 바뀌는 상황을 경고합니다. 실제로 아인슈타인처럼 자기도 모르게 자신의 신체 조직을 강탈당하는 사람이 늘고 있습니다. 도대체 무슨 일이 벌어지고 있는 걸까요?

당신의 '신선한' 난자는 얼마입니까

여성의 소중한 난자가 상품이 된 지는 오래입니다. 스페인 어느 대학 휴게실에는 이런 광고가 걸려 있습니다. "도와주세요. 생명을 선물하세요." 난자를 구매한다는 광고입니다. 가임 능력이 최고조에 달한 20대 여성을 겨냥한 비슷한 광고가 미국 대학 신문에도 정기적으로 실립니다. 최고 5만 달러(약 5,600만 원), 평균 4,500달러(약 504만 원)의 현금이 오갑니다.

난자의 '품질'에 따라서 가격도 다릅니다. 운동 신경과 음악적 재능이 뛰어나고 키 큰 금발 여성의 난자라면 값을 더 쳐줍니다. 이렇게 맞춤한 고객에게 팔려 간 난자는 불임 시술에 쓰입니다. 고객이 선호하는 좋은 특징을 갖춘 어떤 기증자는 한 번에 70개의 난자를 채취하려다 사망 직전까지 가기도 했습니다.

2013년 5월, 미국의 슈크라트 미탈리포프 박사가 세계 최초로 인간 복제 배아에서 줄기세포를 뽑아냈습니다. 애초 황우석 박사가 2004년, 2005년 『사이언스』에 기고한 조작 논문에서 해냈다고 거짓말한 일을 미국의 과학자가 진짜로 성공한 것이죠. 그런데 미탈리포프의 성공은 돈을 주고 구매한 '신선한' 난자가 있었기에 가능했습니다.

미탈리포프는 광고를 통해 난자를 팔 여성을 모집한 뒤, 3,000~7,000달러(약 336만~784만 원)를 주고 난자를 채취했습니다. '인체 시장'에서 구매한 여성의 '신선한' 난자로 인간 복제 배아를 만든 뒤, 줄기세포를 뽑아낸 것이죠. 물론 때로는 기증한 난자가 정말로 연구에 사용되기도 합니다. 그런데 속사정은 이렇습니다.

> 체외수정을 하는 부모들이 여분의 배아를 연구용으로 기증해달라고 요청받을 때, 그 연구가 어떤 결과를 낳는지는 매우 피상적인 얘기만 듣는 것이 보통이다. 그들은 일반적으로 자신의 배아가 불임으로 고통받는 다른 부부를 돕는 데 사용될 거라고 생각한다. 자신의 배아가 상업적인 줄기세포 개발에 사용되었다는 사실을 알면 그들은 불쾌감을 느낄지도 모른다.*

* 로리 앤드루스·도로시 넬킨, 『인체 시장』, 김명진·김병수 옮김, 궁리, 2006, 61쪽.

현실은 더욱더 끔찍했습니다. 앞에서 언급한 황우석 박사의 논문 조작 사건을 파헤치는 과정에서 충격적인 사실이 확인되었습니다. 서울의 한 대학병원이 불임 시술을 받던 환자의 난소를 '허락 없이' 적출해 황우석 박사의 연구에 제공한 것이죠. 물론, 황 박사는 이전에 이미 불법으로 수천 개의 난자를 매매하기도 했습니다.

'특허 번호 443만 8,032번'이 된 사나이

어처구니없는 일은 이뿐만이 아닙니다. 자기도 모르게 '특허 번호 443만 8,032번'이 된 한 남자의 기구한 사연이 그렇습니다. 미국의 존 무어는 캘리포니아 대학교 로스앤젤레스 캠퍼스 병원에서 백혈병 치료를 받는 환자였어요. 그는 백혈병이 낫고 나서도 7년 동안 계속해서 의사들의 호출을 받았습니다. 그는 당연히 치료의 연장선상에 놓인 일인 줄만 알았죠.

하지만 그 7년 동안 의사들은 무어의 건강을 살핀 것이 아니라 그의 몸에서 발견한 특이한 화학물질에 대한 특허 출원을 진행 중이었습니다. 결국 무어는 자신도 모르게 '특허 번호 443만 8,032번'으로 등록되었습니다. 무어의 담당 의사들은 스위스 제약 업체 산도즈Sandoz로부터 이 화학물질에 대해 1,500만 달러(약 168억 원)를 받았습니다. 뒤늦게 이 사실을 안 무어는 당연히 분통이 터졌겠죠. 그는 의사들을 부정 의료 및 절도 혐의로 고소하면서 이렇게 절규했습니다.

> "담당 의사들은 나의 인간성, 유전적 본질이 그들의 발명품이자 소유물이라고 주장하고 있습니다. 그들은 나를 생물학적 물질을 추출할 수 있는 광맥으로 바라보고 있습니다. 나는 그들의 수확물인 것입니다."•

결과는 어땠을까요? 1990년 캘리포니아 주 대법원은 부가가치를 생산한 신체 조직의 소유권이 조직 제공자인 자신에게 있다는 무어의 주장을 받아들이지 않고, 발생한 모든 수익은 의사와 생명공학 회사에 귀속된다고 판결했습니다. 사람의 신체 조직을 상품으로 낙인찍는 기이한 '특허 제도'가 이런 어처구니없는 일의 배후에 놓여 있었습니다.

무어의 예는 약과입니다. 아예 한 나라 전체 인구의 유전자가 강탈당하는 일도 있었습니다. 한 생명공학 업체는 아이슬란드 전체 국민의 유전자를 조사, 저장, 상업화할 수 있는 권리를 취득했습니다. 아이슬란드 전체 국민의 유전자가 돈벌이 수단으로 전락하게 된 사정을 이 책은 이렇게 설명합니다.

> 아이슬란드인들은 수세기 동안 고립되어 살아왔을 뿐 아니라 매우 잘

• 같은 책, 6쪽.

정리된 가족 계보와 의료 기록을 갖추고 있다. 질병과 연관된 유전자 돌연변이를 밝혀내기 위해서는 이질적으로 구성된 인구 집단보다 아이슬란드인과 같이 고립되고 동질적인 인구 집단을 검사하는 편이 더 낫다. 이 연구 결과를 이용하기 위해 한 스위스 회사는 이미 2억 달러〔약 2,240억 원〕를 지불했다.•

비밀주의가 점령한 '인체 시장'

'인체 시장'의 등장은 생명공학과 떼려야 뗄 수 없습니다. 지금 이 순간에도 인체 시장을 통해서 획득한 수많은 신체 조직이 특허의 대상이 되고 있습니다. 그런데 이렇게 전 세계에서 진행되는 특허 경쟁은 과학기술의 발전에 도움이 될까요? 현실은 정반대입니다. 자폐증 아들을 둔 조너선 셰스택의 경험은 그 증거입니다.

아들을 치료하고자 안간힘을 쓰던 셰스택은 자폐증 연구가 지지부진한 이유를 파악하고서 경악할 수밖에 없었습니다. 과학자들은 새로운 발견으로 상업적 이익을 확실하게 뽑아내려는 의도로, 자신이 담당한 환자들의 신체 조직 정보와 연구 성과를 서로 숨기고 있었던 것입니다. 할리우드의 실력자였던 셰스택은 이렇게 한탄합니다.

• 같은 책, 12쪽.

"내가 일하는 영화계가 상당히 거친 동네라고 생각했어요. 그런데 알고 보니 인간의 신체 조직을 다루는 분야가 무자비함의 측면에서는 훨씬 더 거칠더군요."•

돈과 수완이 있었던 셰스택은 이 터무니없는 비밀주의에 경종을 울리기로 했습니다. 그는 '자폐증 유전자원 센터'를 설립해 전국의 자폐증 환자에게서 신체 조직을 수집했습니다. 이 센터는 6개월 만에 200만 명 이상의 가족으로부터 신체 조직을 모았고, 일정한 자격을 갖춘 과학자라면 누구나 이 조직을 연구에 자유롭게 사용할 수 있도록 했습니다.

이런 획기적인 시도를 하면서 셰스택은 "그동안 과학자들이 자신의 데이터와 샘플(신체 조직)의 공유를 거부했기 때문에 자폐증 치료법의 진전이 늦어지고 있다"고 공언했습니다. 셰스택의 태도는 존 무어의 재판에서 무어를 옹호해 소수 의견을 낸 한 판사의 다음과 같은 견해와 일맥상통합니다.

"몸에서 분리된 모든 가치 있는 신체의 일부는 공공 보관소에 저장했다가 사회 전체의 개선을 위해 모든 과학자가 자유롭게 그 물질을 이용할 수 있도록 해야 할 것입니다."••

• 같은 책, 71쪽.
•• 같은 책, 70쪽.

'분자 백만장자'는 정당한가

『인체 시장』이 나온 지 20년이 지난 지금, 현실은 이런 바람과는 정반대로 흘러가고 있습니다. 인체 시장에서 큰돈을 번 '분자 백만장자molecular millionaire'가 비약적으로 늘었습니다. 이들은 모두 대학의 과학자로, 연구 결과를 인류와 과학의 발전을 위해 공유하기보다는 자본이 독점하도록 한 대가로 막대한 이득을 얻었습니다.

더 큰 문제는 세금으로 조성된 공공 자금을 투입해 개발한 일부 자원이 과학자와 일부 생명공학 업체, 제약 업체의 돈벌이를 위해 사용되는 현실입니다. 분명히 시민이 낸 세금으로 연구가 진행되었는데, 그 혜택은 소수의 부자만 누리는 것이죠. 『인체 시장』의 이런 지적은 지금도 여전히 유효합니다.

> 2001년 현재 판매량에서 상위권을 달리는 50개 약품 가운데 48개는 그 개발이나 시험 단계에서 공공 자금을 받은 것들이다. 유방암과 난소암 치료제인 택솔Taxol은 2,700만 달러〔약 302억 원〕의 공공 자금을 받았는데, 한 번 치료받는 데 5,500달러〔약 616만 원〕의 비용이 든다.•

• 같은 책, 102쪽.

우리나라를 비롯한 세계 여러 나라는 장기 매매나 혈액 매매를 금지하고 있습니다. 그런데 21세기의 첫해에 나온 『인체 시장』은 "사람의 몸을 시장으로부터 격리시켜야 한다"고 새삼스럽게 주장합니다. 우리는 과학(생명공학)의 발전으로 장기나 혈액, 신체의 다른 조직이 시장의 거래 대상으로 전락하는 상황을 어떻게 받아들여야 할까요?

『인체 시장』이 묻습니다. 과연 지금 우리는 어디로 가고 있나요?

더 읽어봅시다!

송기원, 『송기원의 포스트 게놈 시대』, 사이언스북스, 2018.
도나 디켄슨, 『한 손에 잡히는 생명윤리』, 강명신 옮김, 동녘, 2018.
마이클 샌델, 『완벽에 대한 반론』, 이수경 옮김, 와이즈베리, 2016.

• 청소년들이 꼭 읽어야 할 책 •

기술이라는 이름의 괴물을 고발한다

『공생을 위한 도구』
이반 일리치

스마트폰, 자동차 같은 발전된 과학기술들은
과연 우리를 자유롭게 해주고 있는 걸까?
오스트리아 출신의 철학자 이반 일리치는 이처럼 과잉 발전한
현대의 도구들이 도리어 인간을 지배하는 현상을 지적하며,
산업 사회의 맹점을 분석한 사상가로 유명하다.
이반 일리치의 『공생을 위한 도구』를 읽으며,
'공생의 사회'를 주창한 그의 핵심 사상을 알아보자.

우리는 휴대전화의 주인일까, 노예일까

며칠 전, 아침에 있었던 일입니다. 시계 알람을 맞추는 걸 깜박하는 바람에 다른 날보다 늦게 일어났죠. 허겁지겁 출근 준비를 하고서 집을 나섰지만, 이미 평소보다 30분 정도 늦은 터였습니다. 집에서 약 5분 거리의 버스 정류장에 도착하니, 마침 저쪽에서 회사로 가는 버스가 오고 있었습니다. '오늘은 운이 좋은걸!'

그런데 이게 웬일입니까? 호주머니에 있어야 할 휴대전화가 보이지 않는 겁니다. 눈앞의 버스를 보면서 잠시 갈등하다 결국은 집으로 다시 향했습니다. 휴대전화 없이 하루를 보낼 생각을 하니 눈앞이 아득했기 때문입니다. 휴대전화 때문에 10분 정도를 더 허비하고 나서, 정류장에서 버스를 기다리며 문득 이런 생각이 들었습니다. '나는 휴대전화의 주인인가, 노예인가?'

여러분도 가끔 이런 생각을 한 적이 있지 않나요? 시도 때도 없이 울려대는 휴대전화의 메시지를 확인하지 않으면 미칠 것 같습니다. 심지어 수업 중이라도 메시지를 확인하고, 기어이 답을 해야 직성이 풀립니다. 지하철에서도 친구에게 메시지를 보내든, 게임을 하든, 음악을 들으며 동영상을 확인하든, 휴대전화를 만지작거려야 뭔가 안심이 됩니다.

만약에 선생님이나 부모님이 한 달간 휴대전화 사용을 금지한다면 어떨까요? 똑같이 학교에 가서 친구들과 함께 공부를 하고, 집에 오면 분명히 가족이 옆에 있는데도 마치 외톨이가 된 것처럼 마음 한구석이 허전할 거예요. 어느새, 휴대전화가 세상과 통하는 제일 중요한 창이 되어버린 거죠.

곰곰이 생각해보면 이런 상황은 참으로 기묘합니다. 우리는 좀더 행복하게 살려고 휴대전화와 같은 도구를 사용합니다. 그런데 언젠가부터 이런 도구가 마치 우리 삶을 지배하는 것처럼 보입니다. 도구가 오히려 인간을 지배하는 역설적인 상황. 이반 일리치Ivan Illich(1926~2002)는 『공생을 위한 도구*Tools for Conviviality*』(1973)*에서 바로 이 점을 예리하게 포착했습니다.

가톨릭 신부에서 '지적인 저격수'로

20세기의 위대한 사상가 가운데는 과학기술자가 아니었지만 과학을 이해하는 방식에 커다란 영향을 끼친 이들이 몇몇 있습

* 이 책은 국내에서 '성장을 멈춰라!'라는 제목으로 번역되어 나왔다.

니다. 그 가운데서도 최고의 사상가로 꼽히는 이가 이반 일리치입니다. 『공생을 위한 도구』는 그가 앞서 펴낸 『학교 없는 사회 *Deschooling Society*』(1971)와 함께 그를 세계적인 사상가로 자리매김하게 한 책입니다.

일리치의 사상을 이해하려면 그의 독특한 삶을 먼저 알아야 합니다. 그는 애초 바티칸 교황청에서 촉망받는 신부였습니다. 1951년 25세에 사제 서품을 받고 나서 교황청에서 가장 엘리트 코스로 꼽히는 국제부 근무가 예정되어 있었죠. 만약 그 길을 따랐다면, 어쩌면 그는 지금 가톨릭교회의 교황이 되었을지도 모릅니다.

하지만 일리치는 엘리트 코스를 밟는 대신 미국 뉴욕으로 건너갑니다. 그 뒤 뉴욕에서 푸에르토리코 출신 이주 노동자가 정착한 빈민촌의 신부로 일하기 시작합니다. 이곳에서 그는 가난한 푸에르토리코 사람들이 낯선 곳에서 적응하도록 돕는 역할을 하죠. 일리치의 헌신적인 태도에 가난한 이웃들은 커다란 감동을 받았고, 그의 명성은 뉴욕을 넘어서 미국 전체로 확산되었습니다.

반면 신부로서 일리치의 경력은 순조롭지 못했습니다. 그는 기회가 있을 때마다 가난한 이웃의 고통을 외면하고 권력만 좇는 가톨릭교회의 모습을 비판했습니다. 그때마다 교회 안팎에서 유형·무형의 압박을 받았죠. 결국 그는 바티칸 교황청으로 소환되어 심문을 받기에 이르렀고(1968), 그 이듬해(1969) 스스로 사제직을 버립니다. 그의 나이 43세 때였죠.

가톨릭교회와 결별한 일리치는 그때부터 자신의 남다른 사상을 벼리기 시작합니다. 이 과정에서 그는 미국, 유럽뿐만 아니라 전 세계의 수많은 지식인과 교류를 합니다. 그가 멕시코 쿠에르나바카에 1966년 설립한 '국제문화자료센터Center for Intercultural Documentation, CIDOC'는 서구를 비롯해 남아메리카, 아시아 등지 지식인의 '의무적인 만남의 장소'가 되었죠.

『학교 없는 사회』와 『공생을 위한 도구』는 이런 독특한 일리치의 삶이 빚어낸 책입니다. 이 저작들은 그가 나중에 펴낸 『의학의 한계*Limits to Medicine*』(1976)•와 함께 일리치에게 "20세기 후반의 가장 급진적 사상가"(『타임스』), "어떤 위치에서든 총을 겨눌 수 있는 지적인 저격수"(『뉴욕 타임스』) 등의 평가를 받도록 해 주었어요.

자동차를 이고 다니는 사람들

일리치는 1950~1960년대 세계에서 가장 부유한 미국 뉴욕과 가난한 푸에르토리코, 멕시코 등을 오가며 인류 문명의 밝은 면과 어두운 면을 두루 살피는 경험을 합니다. 뉴욕 중산층의 화려한 삶과 그들을 위해서 봉사하는 푸에르토리코 이주 노동자

• 이 책은 국내에서 '병원이 병을 만든다'라는 제목으로 번역되어 나왔다.

의 비참한 삶. 미국의 풍족함과 푸에르토리코, 멕시코의 빈곤함. 이런 모습을 지켜본 당대의 많은 지식인은 가난한 사람의 삶을 개선하거나, 혹은 못사는 나라를 잘살게 하는 데 헌신했습니다. 그러니까 부자와 빈자, 부자 나라와 가난한 나라 사이의 불평등을 해소하는 것이야말로 인류 문명이 나아갈 길이라고 생각했던 거죠. 하지만 일리치는 달랐습니다. 그는 오히려 이렇게 반문했어요.

'세계에서 가장 부유하다는 미국 사람은 정말로 행복할까? 뉴욕 중산층의 삶을 닮으려고 전 세계인이 노력하는 게 과연 바람직한가? 아니, 그런 일이 가능하기는 할까?'

오늘은 일리치의 이런 질문을 염두에 두고서 『공생을 위한 도구』에만 초점을 맞춰보겠습니다. 그는 과학기술을 이용해서 인류가 창조한 도구를 둘로 나눕니다. 하나는 인간의 능력을 확장시켜주는 도구입니다. 못을 박는 망치(손), 멀리 볼 수 있게 해주는 망원경(눈), 걷는 것보다 훨씬 빠른 속도로 이동하게 해주는 자전거(발)가 그런 예죠.

그렇다면 다른 하나는 무엇일까요? 일리치는 인간이 애초 가지고 있었던 능력을 죽이는 도구라고 보았습니다. 그가 이런 도구의 대표적인 예로 든 것은 자동차였습니다. 걷는 것보다 훨씬 빠른 속도로 이동하게 해준다는 점만 놓고 보면 자전거와 자동차는 차이가 없습니다. 하지만 그는 이 둘 사이의 커다란 차이를 포착했습니다.

일단 자동차는 자전거가 이용하는 인간 에너지와는 아무런 상관이 없습니다. 그것은 오랫동안 땅속에 갇혀 있었던 화석 연료(석유)를 태울 때 나오는 에너지를 이용합니다. 그리고 그 과정에서 인류에게 치명적인 수많은 대기 오염 물질을 내놓습니다. 오늘날 다수의 비관론자는 이렇게 자동차가 내뿜은 온실 기체가 지구 가열을 초래해 인류 문명을 결딴낼 것이라고 경고하죠.

이뿐만이 아닙니다. 자동차는 자전거와 달리, 제 기능을 하면서 달리려면 도로가 필수적입니다. 시내 곳곳에 주차장도 있어야 하죠. 일리치는 자동차를 굴리기 위해 멀쩡한 논밭에 도로를 닦고, 산을 뚫고, 오랜 역사를 가진 도시의 곳곳을 허물고 주차장을 만드는 모습이야말로 인간이 자동차를 지배하기는커녕 자동차가 인간을 지배하는 모습이라고 보았습니다.

일리치는 자동차가 결과적으로 인간의 걷는 능력 자체를 박탈할 것이라는 우울한 전망을 내놓았습니다. 실제로 그런 모습이 있긴 하죠. 어떤 사람은 걷기 운동을 하러 헬스클럽에 자동차를 타고 갑니다. 이처럼 자동차 없이는 아주 짧은 거리도 움직이려 하지 않는 사람을 우리는 종종 보곤 합니다.

이런 일리치의 통찰은 의미심장합니다. 차량 정체 문제, 주차 공간 부족 문제 때문에 요즘 도심에서 자동차를 가지고 다니는 것은 여간 힘든 일이 아닙니다. 오죽하면 자동차를 타고 다니는 게 아니라 이고 다닌다는 푸념이 나올 정도죠. 더구나 꽉 막힌

시내에서 자동차가 낼 수 있는 속도는 시속 10~20킬로미터에 불과합니다. 반면에 자전거는 시속 28킬로미터 정도를 낼 수 있습니다.

로봇이 사람을 죽이는 세상

일리치의 통찰은 요즘 들어 더욱더 돋보입니다. 그는 자동차를 결코 호의적으로 보지 않았습니다만, 말년에는 어쨌든 자동차도 결국은 인간의 능력을 확장시켜주는 도구의 하나로 인정했습니다. 실제로 자동차를 운전하다 보면, 몸과 자동차가 마치 하나가 된 것 같은 일체감을 느끼곤 합니다. 이때 자동차는 내 '의지'대로 움직이는 내 몸과 흡사하게 기능합니다.

말년의 일리치는 자동차 대신 컴퓨터에 주목합니다. 그가 보기에 컴퓨터는 (망치, 망원경, 자전거, 자동차를 포함한) 과거의 도구와는 전혀 다른 특징을 가지고 있었습니다. 그는 (착하든, 나쁘든) 도구의 중요한 특징이 바로 사용자와 도구 사이의 '거리감distality'이라고 지적했습니다.

가령 나는 망치를 손에 쥘 수 있고, 언제든 그것을 놓고 떠날 수도 있습니다. 또 망치를 사용한다고 해서, 내가 망치의 일부가 되는 것도 아닙니다. 자동차는 어떨까요? 일단 자동차를 타고 다니기 시작하면 그것을 포기하기는 쉽지 않습니다. 하지만 큰 마음을 먹으면 자동차를 처분할 수도 있습니다.

일리치는 컴퓨터를 둘러싼 사정은 다르다고 지적합니다. 일단 컴퓨터를 사용하기 시작하면, 우리는 컴퓨터를 떠날 수 없습니다. 곰곰이 생각해보세요. 컴퓨터를 이용해 문서를 작성하고, 숫자를 계산하고, 자료를 찾고, 기록을 남기는 업무를 수행하던 사람이 과연 그것을 포기할 수 있을까요? 아마도 하던 일을 계속하는 한은 컴퓨터를 절대로 포기할 수 없을 거예요.

일리치는 이런 상황이 되었을 때, 우리는 이미 컴퓨터의 일부가 된 것으로 보아야 한다고 지적합니다. 인간이 자신의 능력을 확장하려는 의도로 만든 도구(컴퓨터)의 일부가 되어버린 거죠. 더 심각한 문제는 이런 상황에서 결국 인간은 자신이 마땅히 져야 할 책임까지도 도구에 떠넘기게 된다는 것입니다.

이 대목을 읽으면서 최근에 화제가 된 뉴스가 생각났습니다. 최근 자동차 업계의 가장 뜨거운 이슈 가운데 하나는 '자율 주행차'입니다. 운전자의 힘을 빌리지 않고도 자동차가 스스로 운전하는 기술이 등장했기 때문이죠. 그런데 만약에 자율 주행을 하다가 사고가 난다면 그 책임은 누가 져야 할까요?

더 심각한 뉴스도 있습니다. 최근 스티븐 호킹Stephen W. Hawking(1942~2018), 스티브 워즈니악Steve Wozniak(1950~), 놈 촘스키Noam Chomsky(1928~), 일론 머스크Elon Musk(1971~) 등 인공지능 전문가가 한목소리로 '군용 로봇'의 금지를 주장했습니다. 군용 로봇은 인간의 조종 없이 스스로 적군을 추적해 살상할 수 있는 무기입니다. 이들 전문가는 현재의 기술 수준을 고려할 때, 이런 무기가 10년 안에 상용화될 것이라고 지적했습니다.

군용 로봇이 상용화된다면 어떤 일이 일어날까요? 얼핏 생각하면 전쟁터에서 사람 대신 로봇이 싸우니 좋은 일 아니냐고 생각할지 모릅니다. 하지만 이번에 반대 의견을 낸 전문가들의 생각은 다릅니다. 이들은 군용 로봇을 사용하기 시작하면 정부나 군대가 전쟁을 시작하는 것을 가볍게 여길 것이라고 걱정합니다.

로봇에게 사람의 생사를 가르는 중요한 결정을 맡기고, 더 나아가 전쟁의 승패까지 좌지우지하도록 한다면 그다음은 어떻게 될까요? 분명히 각국은 (전쟁에서 이기기 위해서) 좀더 강력한 군용 로봇을 만들기 시작할 테고, 그 군비 경쟁은 20세기 중반의 핵폭탄을 둘러싼 경쟁만큼이나 과열될 거예요. 그리고 그 결과는 정말로 끔찍한 일이 될 테죠.

자율 주행차, 더 나아가 군용 로봇은 일리치의 걱정이 단순한 기우가 아니었음을 보여줍니다. 그는 인간의 능력을 확장하는 수준을 벗어난 도구가 인간을 지배하고, 더 나아가 인간을 파괴하는 끔찍한 괴물이 될 수도 있음을 일찌감치 경고했습니다.

우리는 과연 일리치의 경고를 받아들여 다시 함께하는 삶(공생)을 위한 도구를 만들 수 있을까요? 그는 마지막까지 희망을 놓지 않았습니다. 하지만 지금 이 순간에도 휴대전화(들고 다니는 컴퓨터)를 손에 들고 안절부절못하는 저는 왠지 자신이 없습니다. 이 글을 읽는 친구들은 어떤가요?

과학 고전
엮어 읽기

병원이 병을 만든다?

이반 일리치의 책 가운데 전 세계적으로 가장 널리 알려진 책은 『의학의 한계』입니다. 우리가 건강에 대한 모든 것을 의사를 비롯한 전문가와 그들이 일하는 병원에 맡김으로써, 오히려 우리의 정신 건강과 육체 건강이 파괴되고 있음을 고발한 이 책은 지금도 논란의 한복판에 있습니다.

그런데 이런 주장을 한 일리치는 실제로 병이 났을 때 어떻게 행동했을까요? 그는 50대 중반부터 2002년 76세로 죽을 때까지 얼굴 한쪽에 자라는 혹(종양) 때문에 고통을 받았습니다. 하지만 그는 병원에서 진단을 받지도, 치료를 받지도 않았죠. 그는 혹을 그냥 내버려 둔 채 모르핀이 들어 있는 아편을 피우거나 명상 등을 하며 한순간도 쉬지 않고 찾아오는 고통을 다스렸습니다.

일리치의 지인들은 그 혹이 그의 건강에 심각한 악영향을 줘서 그를 죽음으로 몰아넣을 것이라고 걱정했죠. 하지만 그는 혹이 생기고 나서도 (끔찍한 고통을 견뎌야 하긴 했지만) 20년간 왕성한 활동을 하다가 삶을 마감했습니다. 현대 의학을 거부한 그의 행동은 여전히 논란거리입니다. 하지만 자신의 신념을 끝까지 밀어붙인 그의 태도는 그 자체로 감동적입니다.

더 읽어봅시다!

리 호이나키, 『정의의 길로 비틀거리며 가다』, 김종철 옮김, 녹색평론사, 2007.
이반 일리치 · 데이비드 케일리, 『이반 일리치와 나눈 대화』, 권루시안 옮김, 물레, 2010.
데이비드 케일리, 『이반 일리히의 유언』, 이한 옮김, 이파르, 2010.
이반 일리치, 『행복은 자전거를 타고 온다』, 신수열 옮김, 사월의책, 2018.
이반 일리치, 『학교 없는 사회』, 박홍규 옮김, 생각의나무, 2009.
이반 일리치, 『병원이 병을 만든다』, 박홍규 옮김, 미토, 2004.

• 청소년들이 꼭 읽어야 할 책 •

예고된 재앙, 바이러스의 역습

『인수공통 모든 전염병의 열쇠』
데이비드 콰멘

2019년 12월 31일, 새로운 바이러스 감염증 발생 사실이
세계보건기구를 통해서 전 세계에 알려졌다.
이렇게 세상에 존재를 알린 신종 코로나바이러스가 일으키는
코로나19는 2020년 전 세계 대유행으로 이어졌다.
21세기 들어서 왜 바이러스 유행이 끊이지 않는 것일까?
데이비드 콰멘의『인수공통 모든 전염병의 열쇠』를 읽으며, 그 이유를 따져보자.

코로나19를 이해하는 법

1980년 가을부터 1981년 봄까지, 미국 서부 로스앤젤레스의 병원 세 곳으로 다섯 명의 남성 환자가 찾아왔어요. 이 남성들은 모두 곰팡이(사람폐포자충)가 일으키는 폐렴을 앓고 있었죠. 희귀한 일이었습니다. 공기 중에 둥둥 떠다니는 그 곰팡이는 보통 사람에겐 어떤 나쁜 영향도 주지 않아요. 몸에 들어와도 인체의 면역계가 제거하기 때문이죠.

하지만 다섯 환자는 곰팡이를 제거할 면역계가 기능을 발휘하지 못하는 상태였어요. 곰팡이로 가득 덮인 폐는 서서히 망가져갔습니다. 이 환자들은 또 다른 곰팡이(칸디다)가 입속을 덮는 구강칸디다증도 앓았죠. 이 역시 신생아나 중증 환자처럼 면역 기능이 약한 사람이나 앓는 병입니다. 1981년 6월, 이들의 특이한 증상이 학계에 보고되었어요.

비슷한 시점에 미국 동부 뉴욕에서도 이상한 남성 환자들이 발견되기 시작했습니다. 이들은 지중해 지방의 남성에게 드물게 발생하는 피부암(카포지육종)을 앓았죠. 그다지 치명적이지 않은 이 피부암에 생명을 잃는 환자도 있었어요. 아니나 다를까, 일부 환자는 로스앤젤레스 환자처럼 곰팡이폐렴도 앓고 있었습니다. 1981년 7월, 이들의 증상도 보고되었죠.

공교롭게도 미국 동서부에서 동시에 발생한 남성 환자들은 모두 동성애자였어요. 대도시의 남성 동성애자 사이에서 전례 없는 특이한 감염병이 유행하고 있음이 틀림없었죠. 어떤 병이었을까요? 나중에 과학자들은 이 감염병에 후천성면역결핍증, 즉 에이즈라는 이름을 붙였습니다.

에이즈는 인체면역결핍바이러스Human Immunodeficiency Virus, HIV가 성관계, 수혈과 같은 혈액 접촉 등을 통해 전파되어 발생하는 감염병입니다. 1980년대 초반 세상에 모습을 드러낸 이 감염병 때문에 40년 동안 약 3,200만 명이 사망했고, 지금도 약 3,800만 명이 감염된 상태예요. 앞으로 과연 이 감염병이 잡힐 수 있을지도 의문이죠.

갑자기 에이즈 이야기를 해서 당황스럽나요? 지금 당장 신경 써야 할 감염병은 에이즈가 아니긴 하죠. 2021년 현재, 신종 코로나바이러스Severe Acute Respiratory Syndrome Coronavirus 2, SARS-CoV-2가 일으키는 코로나19가 우리나라를 포함한 전 세계 사람을 공포로 몰아넣고 있어요. 하지만 겉보기에 전혀 닮은 것 같지 않은 코로나바이러스와 에이즈바이러스는 사실 비슷한 점이 많습니다. 그 닮은 점을 제대로 살필 때, 지금의 사태도 정확히 이해할 수 있고요.

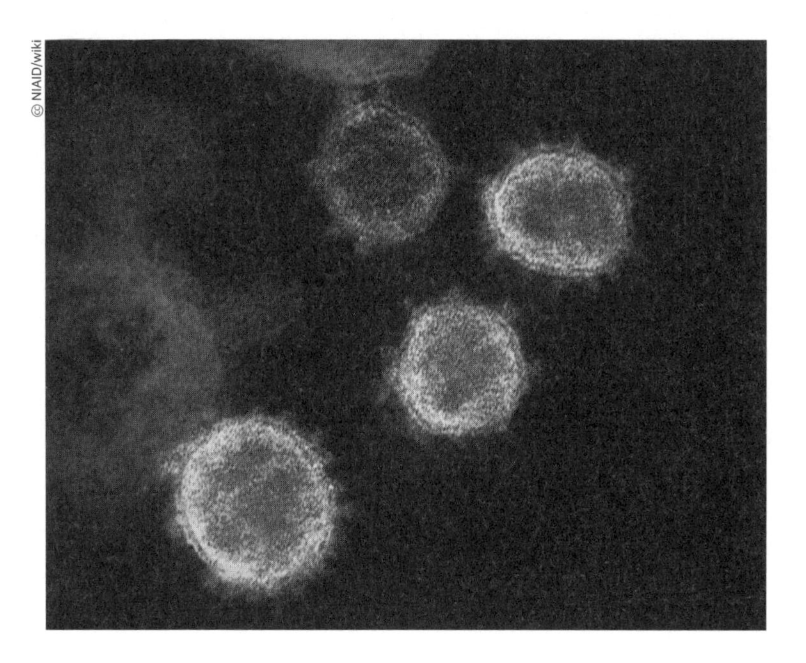
ⓒ NIAID/wiki

▲ 전자현미경으로 촬영한 신종 코로나바이러스의 모습.

인수공통감염병의 등장

앞서 살폈듯이, 에이즈는 수십 년째 유행하고 있는 감염병입니다. 하지만 21세기가 될 때까지 에이즈바이러스의 정체는 여전히 베일 속에 가려져 있었습니다. 처음에는 아프리카 원숭이가 에이즈바이러스의 숙주로 알려졌어요. 하지만 나중에는 인간과 가장 가까운 유인원인 침팬지가 숙주로 지목되었죠.

현재까지 과학자들의 연구 결과를 종합하면, 아프리카 서해안의 카메룬 남동부 열대 우림에 서식하던 침팬지가 에이즈바이러스의 최초 숙주입니다. 침팬지 안에 머물던 바이러스가 특정 계기로 인간에게 전파되었고, 그다음에 여러 경로를 거쳐 1980년대 초반 미국에서 모습을 드러낸 거예요.

이렇게 인간(人)과 동물(獸)에게 공통으로 감염되는 감염병을 '인수공통감염병'이라고 부릅니다(따지고 보면 인간도 동물이지만, 여기선 일단 둘을 구분할게요). 에이즈바이러스와 코로나19바이러스는 둘 다 '인수공통감염병' 바이러스입니다. 에이즈바이러스가 침팬지와 인간을 동시에 감염시키듯이 코로나19바이러스도 마찬가지예요.

코로나19바이러스가 정확히 어떤 동물에서 사람으로 전파되었는지는 세계 각국의 과학자들이 연구 중이에요. 현재 가장 유력한 후보로 꼽히는 동물은 포유류 종 수의 약 4분의 1을 차지하는 박쥐입니다. 박쥐에 기거하던 코로나바이러스가 돌연변이를 일으킨 뒤 다른 동물을 거쳐 사람에게 전파된 것이죠.

코로나19바이러스뿐만이 아닙니다. 21세기 들어 인류를 괴롭힌 바이러스는 대부분 인수공통감염병 바이러스예요. 최초 발생 시점 기준으로 2002년 중증급성호흡기증후군 사스SARS, Severe Acute Respiratory Syndrome, 2009년 신종인플루엔자, 2012년 중동호흡기증후군 메르스 등은 모두 동물에게서 유래한 바이러스가 병원체죠. 박쥐, 돼지, 낙타 등에 기생하던 바이러스가 어느 순간 사람을 공격하기 시작한 겁니다.

충분히 예상 가능했던 일이에요. 바이러스가 오랫동안 숙주로 삼아온 동물의 사정은 현재 최악입니다. 열대 우림이 파괴되는 등 서식지가 계속 사라지면서 야생 동물의 개체수가 눈에 띄게 줄고 생태계가 파괴되고 있어요. 예를 들어 전체 포유동물 가운데 소·돼지 같은 가축을 제외한 야생 동물의 비중은 4퍼센트뿐이죠. 인간이 기르는 닭·오리는 전체 조류 개체수의 70퍼센트를 차지하고요.

엎친 데 덮친 격으로 기후 위기는 이런 상황을 더욱더 가속화합니다. 오랫동안 추운 지구에 적응하며 진화한 지금의 동물은 산업화 이전의 섭씨 약 14도와 비교해 1도(현재 상승치죠), 2도, 3도씩 상승하는 지구 기후를 견디기 어렵습니다. 지금, 이 순간에도 수많은 동물이 소리 소문 없이 사라지고 있어요.

오랫동안 동물에게 의탁해온 바이러스도 이런 변화에 적응해야 했습니다. 숙주 없이 생존할 수 없는 바이러스에게 동물계 대부분을 차지하는 인간과 그에 딸린 소·돼지·닭 등은 아주 매력적인 대상이었죠. 개체수가 많고 한곳에 모여 살기 때문에 일단 자리만 잡으면 이보다 더 좋을 수 없었어요. 에이즈, 사스, 신종인플루엔자, 메르스, 그리고 코로나19는 바로 이런 적응의 결과랍니다.

비행기를 탄 바이러스

에이즈바이러스가 침팬지에서 사람으로 처음 옮겨온 시점은 언제일까요? 과학계는 조심스럽게 1908년경으로 추정합니다. 데이비드 쾀멘David Quammen(1948~)이 『인수공통 모든 전염병의 열쇠*Spillover*』(2012)에서 추정한 내용을 볼까요. 1908년의 어느 날, 카메룬 남동부의 열대 우림에서 원주민 사냥꾼이 침팬지를 잡았습니다. 그 와중에 사냥꾼은 손에 작은 상처를 입었죠. 그는 그런 상처 따위는 아랑곳하지 않고서 잡은 침팬지를 도축했어요.

장갑을 끼지 않은 사냥꾼의 손은 금세 침팬지 몸에서 솟아난 피로 범벅이 되었습니다. 그 피 가운데 일부가 사냥꾼의 상처로 들어갔죠. 바로 이때 에이즈바이러스가 침팬지 몸에서 사냥꾼 몸으로 침범했어요. 그 에이즈바이러스는 새로운 숙주(인간) 안에서 아무런 문제 없이 자리를 잡았고요.

여기서 의문이 생깁니다. 20세기 초반에 사람 몸속으로 들어온 에이즈바이러스는 왜 70년이 지나고 나서야 멀고 먼 미국에서 모습을 드러냈을까요? 이렇게 추정해볼 수 있습니다. 초기 에이즈바이러스는 성관계 등을 통해서 아주 적은 수의 감염자를 만들며 살아남았어요. 인류가 운이 좋았다면, 그러다가 아프리카 시골 마을에서 사라질 수도 있었죠.

하지만 감염자 가운데 한 명이 도시로 나오면서 에이즈바이러스는 날개를 달게 됩니다. 좀더 많은 아프리카 사람이 에이즈바이러스에 감염되었죠. 그 뒤 (인간으로서는 불운이라고 할 수밖에 없는) 여러 우연까지 겹치며 에이즈바이러스는 배나 비행기를 타고 미국 남동부 카리브 해의 섬나라 아이티에 퍼지게 돼요.

이후 에이즈바이러스가 미국으로 건너오는 일은 시간문제였어요. 1960년대 후반부터 1970년대 초반까지의 3년 동안 에이즈바이러스는 바다를 건너 미국으로 들어옵니다. 그러고 나서 10년간 에이즈바이러스는 피임 도구를 쓰지 않은 성관계와 감염된 혈액 수혈, 마약 의존자들의 주사기를 함께 쓰는 나쁜 습관을 통해서 이곳저곳으로 퍼져요. 1980년대 초반의 '폭발'은 단지 결과였을 뿐이죠.

다른 바이러스의 사정도 마찬가지입니다. 새로운 숙주(인간)에 침입하려는 바이러스의 시도는 과거에도 여러 차례 있었습니다. 하지만 그런 시도는 번번이 절반의 성공만 거뒀죠. 돌연변이를 일으킨 끝에 '운 좋게' 인간을 감염시키더라도 그 파장이 제한적이었기 때문이에요. 동남아시아나 아프리카 오지에 사는 마을 주민 몇 사람을 희생시키는 정도로 끝났어요.

하지만 도시가 커지고, 배·기차·비행기 등의 교통수단으로 세계가 압축되면서 바이러스는 새로운 기회를 맞았습니다. 운만 좋다면 2003년 사스코로나바이러스SARS-CoV, Severe Acute Respiratory Syndrome Coronavirus처럼 비행기를 수차례 환승하며 지구를 불과 6주 만에 한 바퀴 돌 수 있게 되었죠. 일단 자신을 비행기에 태워줄 적절한 숙주와 연결만 된다면, 변종 바이러스는 순식간에 대유행의 원인이 될 수 있어요.

수십 년간 아프리카를 벗어나지 못하던 에이즈바이러스가 미국으로 건너간 이유도, 중동을 벗어나지 못하던 메르스코로나바이러스MERS-CoV, Middle East Respiratory Syndrome Coronavirus가 2015년 비행기를 타고 한국으로 와 몸부림을 친 까닭도 비슷합니다. 2019년 발생한 코로나19바이러스는 인구 1,000만 명이 넘는 중국 우한에 자리를 잡은 뒤, 열차나 비행기를 타고 세계로 뻗어나갔고요.

'야생의 맛'을 부추기는 탐욕

에이즈바이러스와 사스코로나바이러스, 코로나19바이러스의 마지막 공통점은 뜻밖입니다. 지금도 아프리카 열대 우림에서는 침팬지·고릴라 같은 멸종 위기 동물의 밀렵이 문제예요. 아프리카 원주민이 식량이 없어서 침팬지나 고릴라를 사냥하는 걸까요? 아닙니다. 죽임당한 침팬지나 고릴라 대부분은 부자의 저녁 식탁에 올라요.

보통 사람은 맛볼 수 없는 '야생의 맛'을 느끼는 데 기꺼이 지갑을 열 준비가 되어 있는 부자의 탐욕 때문에, 원주민 사냥꾼은 위험(범법자가 되거나 침팬지와 고릴라의 공격에 목숨을 잃을 위험)을 무릅쓰고 밀렵에 나섭니다. 그리고 그렇게 침팬지를 잡아먹는 과정에서 에이즈바이러스 같은 신종 바이러스가 동물에서 인간으로 옮겨오죠.

이런 사정은 중국도 마찬가지입니다. 사스가 유래한 중국 광둥성은 듣도 보도 못한 특이한 야생 동물 요리로 유명해요. 세간의 상식과 다르게, 이런 특이한 야생 동물 요리는 지역의 오랜 전통이라기보다는 중국의 시장 경제가 팽창하면서 나타난 '과시적 소비 성향'의 결과예요. 평소 먹는 요리와 다른 것을 맛보려는 사람의 수요는 야생 동물을 사냥하고, 사육하고, 유통하는 새로운 산업을 팽창시켰습니다. 과거엔 열대 우림의 동굴이나 늪지대에 서식하던 야생 동물이 도시 외곽에서 사육되고, 수많은 사람이 오가는 시장에서 우리에 갇힌 채 몸부림치는 신세가 되었죠.

물론 그런 신세로 전락한 야생 동물 몸속에는 신세계(새로운 숙주)를 눈앞에 둔 수많은 바이러스가 똬리를 틀고, 계속해서 변이를 일으키고 있어요. 현재까지 파악된 바로는 코로나19바이러스도 마찬가지입니다. '야생의 맛'을 추구하는 인간의 욕망이 우한의 왁자지껄한 시장에서 바이러스에 날개를 달아준 거예요.

바이러스의 공격은 계속된다

현재로서는 중국 우한에서 시작해 전 세계에서 유행 중인 코로나19의 최후와 인류의 운명이 어떻게 될지 알 수 없습니다.

다만, 코로나19바이러스가 전파력이 높을 뿐만 아니라 65세 이상의 고령 인구를 공격해서 걱정입니다. 특히 병원 같은 보건 의료 시설이 열악한 아프리카나 남아시아의 가난한 나라에 퍼진 코로나19바이러스가 큰 피해를 낳을 수 있어요.

우리나라가, 또 전 세계가 코로나19바이러스 확산을 안간힘 쓰면서 막는 이유도 이 때문입니다. 하지만 걱정이에요. 이번에 운이 좋아서 코로나19바이러스 확산을 막는다고 하더라도 몇 년 안에 또 신종 바이러스가 인류를 공격할 수 있어요. 그때도 인류가 운이 좋을 수 있을까요?

과학 고전
엮어 읽기

바이러스 습격을 예고하다

선견지명을 가지고 신종 바이러스의 위협에 주목한 책들이 있습니다. 가장 먼저 권하고 싶은 책이 바로 앞에서 함께 읽어본 데이비드 쾀멘의 『인수공통 모든 전염병의 열쇠』입니다. 쾀멘은 『도도의 노래*The Song of the Dodo*』(1996), 『신중한 다윈 씨*The Reluctant Mr. Darwin*』(2006) 같은 책으로 유명한 믿고 보는 과학 저널리스트입니다. 쾀멘이 2012년에 펴낸 이 책은 지금까지 알려진 인수공통감염병의 거의 모든 것을 촘촘하게 담았습니다. 그렇다고, 발음하기도 어려운 바이러스 이름이 나열된 지루한 과학책이라고 오해해서는 곤란합니다. 앞에서 잠깐 살폈듯이, 총 115편의 일화 속에 바이러스-동물-전염병-인간의 관계를 마치 박진감 넘치는 스릴러 소설처럼 펼쳐놓았습니다.

한 권 더 있습니다. 지금 우리를 덮친 바이러스는 박쥐에서 유래했을 가능성이 큰 코로나바이러스입니다. 하지만 수많은 닭이나 오리를 떼죽음으로 몰아넣는 조류독감을 잊어서는 안 됩니다. 그 조류독감바이러스가 변이를 거듭하면 인간에게 전염될 수 있는 변종 인플루엔자바이러스가 됩니다.

그 변종 인플루엔자바이러스의 활약으로 수많은 사람이 목숨을 잃었던 일이 실제로 있었습니다. 바로 제1차 세계대전이 막바지로 치닫던 1918년 전 세계를 휩쓴 '스페인독감'이었습니다. 만약 앞에서 언급한 치명률 60퍼센트의 H5N1 조류독감바이러스가 전파력까지 높아지면 100년 만에 비슷한 일이 반복될 수 있습니다.

마이크 데이비스Mike Davis(1946~)의 『조류독감*The Monster at Our Door*』(2005)은 바로 이 가능성을 파고든 역작입니다. 데이비스는 특이 이 책에서 치명률과 전파력이 높은 신종 바이러스가 동남아시아나 아프리카 대도시의 슬럼으로 파고들었을 때, 무슨 일이 생길지 묻습니다. 수많은 사람이 모여 있지만, 보건의료 체계가 열악한 그곳은 신종 바이러스가 희생양을 찾기에 최적의 장소죠.

더 읽어봅시다!

마이크 데이비스, 『조류독감』, 정병선 옮김, 돌베개, 2008.
마이크 데이비스, 『슬럼, 지구를 뒤덮다』, 김정아 옮김, 돌베개, 2007.
아노 카렌, 『전염병의 문화사』, 권복규 옮김, 사이언스북스, 2001.
이재갑·강양구, 『우리는 바이러스와 살아간다』, 생각의힘, 2020.

• 청소년들이 꼭 읽어야 할 책 •

small
is
beautiful

a study of economics
as if people mattered

EF Schumacher

90퍼센트를 위한 따뜻한 기술

『작은 것이 아름답다』
에른스트 F. 슈마허

경제학자이자 환경 운동가였던 슈마허는 환경 파괴와
인간성 파괴를 동반하는 성장 지상주의를 비판하며,
인간을 위한 경제 구조로 나아가기 위한 방안으로 '작은 것'을 강조한다.
인간이 스스로 조절하고 통제할 수 있을 정도의 경제 규모를
유지할 때 비로소 쾌적한 자연환경과 인간의 행복이
공존하는 경제 구조가 확보될 수 있다는 이유에서다.
이런 슈마허의 주장이 담긴 대표 저작『작은 것이 아름답다』를 함께 읽어볼 차례다.

거대 기술, 과연 최선의 선택일까

지독한 가뭄 때문에 물이 부족해서 고통을 겪는 나라들이 많습니다. 강바닥이 바짝 메말라 갈라진 곳에서 온몸이 파리로 다닥다닥 뒤덮인 채 누워 있는 아이들. 웅덩이에 고인 흙탕물을 마치 깊은 산속 옹달샘이라도 되는 양 두 손을 모아서 마시는 사람들. 이렇게 가슴 아픈 모습을 볼 때마다 이런 생각을 해본 적은 없나요?

'아, 바닷물을 먹는 물로 만들어 사용할 수 있다면 정말로 좋을 텐데……'

그러고 보니, 한국 기업이 세계 곳곳에 바닷물 담수화 시설을 만든다는 텔레비전 광고도 있었던 것 같습니다. 사실 전 세계의 군함과 여객선은 이미 수십 년 전부터 해수를 식수로 전환해 사용해오고 있습니다. 하지만 가뭄으로 고통받는 특정 지역 전체에 공급할 수 있을 만큼 많은 양의 식수를 바닷물로 만드는 일은 쉬운 일이 아닙니다.

예를 하나 들어보죠. 오스트레일리아도 가뭄 때문에 나라 전체가 말라가고 있습니다. 특히 서부는 그 상황이 심각하죠. 이런 상황에서 오스트레일리아 서부에서 제일 큰 도시인 퍼스는 100만 명이 넘는 인구에게 식수를 공급하고자 바닷물 담수화 시설을 설치했습니다. 이 시설이 바닷물로 식수를 만드는 과정은 이런 식입니다.

우선 1분당 약 210톤의 바닷물을 빨아들입니다. 이 물은 수천 개의 흰색 여과 카트리지를 통과하면서 염분, 해초, 기름, 물고기 배설물 등을 걸러냅니다. 이렇게 만들어진 식수는 퍼스가 필요로 하는 연 3억 톤의 물 가운데 약 5분의 1(17퍼센트)을 충당합니다. 과학기술이 가뭄에서 퍼스 시민을 구해낸 것이죠.

퍼스의 사정까지 염두에 두면, 도대체 왜 바닷물 담수화 시설을 세계 곳곳에 더 많이 짓지 못하는지 의아하죠? 바로 이 대목에서 에른스트 프리드리히 슈마허Ernst F. Schumacher(1911~1977)의 『작은 것이 아름답다*Small Is Beautiful*』(1973)를 읽어봐야 합니다. 슈마허는 이 책에서 바닷물 담수화 시설과 같은 거대 기술이 과연 최선의 선택인지 묻습니다.

물을 얻기 위해 버리는 역설

슈마허의 생각을 본격적으로 살펴보기 전에 바닷물 담수화 시설 애기를 더 해보죠. 부산시 기장군에도 바닷물 담수화 시설이 있습니다. 약 2,000억 원을 들여서 건설한 기장군의 바닷물 담수화 시설은 매일 최대 4만 5,000톤의 식수를 생산할 수 있습니다(2014년 8월 만들어진 이 시설은 안전성에 대한 부산 시민의 불신 때문에 상업 가동을 못 하고 수년간 애물단지로 방치되어 있습니다).

바닷물 담수화 시설에는 심각한 문제가 한 가지 있습니다. 바닷물을 담수로 만드는 과정에서 엄청난 양의 전기(에너지)가 필요하다는 사실입니다. 기장군 바닷물 담수화 시설만 하더라도 먹는 물 1톤을 생산하는 데 4킬로와트시의 전력이 소모됩니다. 하루 4만 5,000톤의 식수를 생산하려면 무려 18만 킬로와트시의 전력이 필요해요.

우리나라의 1가구당 전력 소비량이 2017년 기준으로 월평균 221킬로와트시 정도니까, 이 정도면 약 800가구가 한 달 동안 쓸 전기를 하루에 날리는 셈입니다. 이 대목에서 커다란 역설이 발생합니다. 많은 과학자는 세계 곳곳에서 가뭄이 나타나는 중요한 이유로 지구 가열이 초래하는 기후 위기를 꼽습니다. 그리고 이런 지구 가열의 원인은 바로 화석 연료를 태울 때 나오는 온실 기체죠.

바닷물 담수화 시설을 유지하고자, 석탄이나 천연가스를 태우는 화력 발전소에서 만들어진 전기를 이용한다면 무슨 일이 생길까요? 식수 공급이 어려울 정도로 심각한 가뭄의 원인이 되는 온실 기체가 바닷물 담수화 시설 때문에 더 많이 발생하죠. 그렇다면, 바닷물 담수화 시설이 되레 물 부족 문제를 악화시키는 원인이 됩니다.

아마 눈치 빠른 친구는 하필이면 부산시 기장군에 바닷물 담수화 시설이 들어선 이유를 짐작할지도 모르겠습니다. 부산시 기장군에는 2020년 8월 현재 가동 중인 우리나라 24기의 핵발전소 가운데 7기(고리 2, 3, 4호기와 신고리 1, 2, 3, 4호기)가 들어서 있습니다(신고리 5, 6호기도 이곳에 건설 중입니다). 이곳의 바닷물 담수화 시설은 핵발전소에서 만든 전기를 이용할 목적으로 만들어진 거죠.

인간의 얼굴을 한 기술

슈마허는 바닷물 담수화 시설과 같은 대형 기술에 일찌감치 회의적이었습니다. 그가 지적한 대형 기술의 문제점은 크게 세 가지입니다.

첫째, 대형 기술을 가동하기 위해서는 재생 불가능한 자원을 낭비해 얻은 엄청난 에너지를 쓸 수밖에 없습니다. 이런 에너지를 얻으려면 석탄, 석유, 천연가스 같은 화석 연료든 우라늄이든 재생 불가능한 자원을 낭비해야만 해요. 하루 가동하는 데 800가구가 한 달간 쓸 전기를 소비해야 하는 부산시 기장군의 바닷물 담수화 시설은 그 단적인 예입니다.

둘째, 대형 기술은 생태계를 파괴할 가능성이 큽니다. 바닷물 담수화 시설에 필요한 전기를 얻고자 화석 연료를 태운다면 온실 기체가 발생하죠. 핵발전소에서 전기를 얻는다면, 그것을 운영하는 과정에서 방사성 물질이 누출될 위험이 있습니다. 처리하기 어려운 방사성 폐기물도 발생해요.

셋째, 대형 기술의 혜택을 누릴 수 있는 지역은 극히 일부분입니다. 오스트레일리아의 퍼스나 부산시는 바닷물 담수화 시설을 운영할 수 있을 정도로 충분한 양의 전기를 생산할 여력이 있습니다. 하지만 만약 물만큼이나 전기가 부족한 지역이라면 어떨까요? 그런 지역에서 바닷물 담수화 시설은 그림의 떡입니다.

슈마허는 이런 문제를 지적하며 『작은 것이 아름답다』에서 대형 기술이 아닌, 개발도상국에 적합한 소규모 기술인 '중간 기술Intermediate Technology'의 필요성을 역설합니다. 중간 기술은 희소한 자원을 낭비하지 않고, 생태계에 주는 영향도 적습니다. 특히 이 중간 기술은 그것이 필요한 지역의 맥락에 맞춤하기 때문에 지역 주민이 곧바로 이득을 볼 수 있죠.

슈마허는 중간 기술을 "인간의 얼굴을 한 기술Technology with a Human Face"로 정의합니다. 그리고 가난, 전쟁, 생태계 파괴 등으로 고통을 겪고 있는 인류의 삶이 나아지려면 핵발전소 같은 대형 기술보다는 중간 기술로 눈을 돌려야 한다고 역설하죠. 나중에 중간 기술은 '적정 기술適正技術, Appropriate Technology'* 로 이름이 바뀌

* 사회 공동체의 정치적·문화적·환경적 조건을 고려해 해당 지역에서 지속적인 생산과 소비가 가능하도록 만들어진 기술. 인간의 삶의 질을 궁극적으로 향상시킬 수 있는 기술을 말한다.

어 지금까지 이어지고 있습니다.

물 펌프와 생명 빨대의 힘

도대체 중간 기술 혹은 적정 기술의 구체적인 모습은 뭘까요? 사실 적정 기술의 예는 한두 가지가 아닙니다. 더구나 지역의 맥락이 중요한 적정 기술의 특성상 아프리카 오지에 맞춤한 기술이 전라북도 부안에서는 애물단지가 될 수도 있습니다. 이런 점을 염두에 두고 한두 가지 예를 살펴보죠.

아프리카에서 각광받는 적정 기술 상품 가운데 '머니메이커 펌프Money-Maker Pump'가 있습니다. 이 펌프는 전기나 연료가 없어도 사람이 페달을 밟아 지하수를 끌어올리는 장치입니다. 9미터 지하에 있는 물을 끌어올려 사용할 수 있고, 호스를 연결해 최대 200미터까지 물을 보낼 수 있습니다.

케냐, 탄자니아, 말라위, 수단 등 아프리카 곳곳에서 쓰이는 이 펌프의 무게는 약 2킬로그램이며, 가격은 약 100달러, 그러니까 우리 돈으로 11만 원 정도에 불과합니다. 이 펌프 덕분에 아프리카 농민은 많은 돈을 들여 물을 끌어오는 시설을 설치하지 않고서도 물을 대서 연중 작물 재배를 할 수 있게 되었습니다. 당연히 농민의 소득도 늘었고요.

글머리에서 흙탕물을 마시는 아프리카 이웃의 이야기도 했었죠? 상하수도 시설을 제대로 갖추지 못한 나라에서는 설사 비가 오더라도 맑은 물을 먹기가 쉽지 않아요. 그렇다고 하루 생계를 꾸리기도 어려운 가난한 아프리카 사람들이 우리처럼 고가의 정수기를 집집마다 들여놓을 수도 없죠.

이렇게 오염된 물을 마시는 탓에 전 세계적으로 10억 명 이상이 물속의 세균, 바이러스, 기생충 때문에 감염되는 수인성 질병으로 고통받고 있어요. 사정이 이렇다 보니 하루에 약 1,000명의 5세 미만 어린이가 설사로 사망합니다. 만약 이들이 정수된 물을 마실 수 있다면 그것이야말로 생명을 구하는 일이죠.

'생명 빨대Life-Straw'는 바로 이런 이웃을 위해 만들어진 적정 기술 상품입니다. 스위스에서 개발된 생명 빨대는 길이 25센티미터 정도의 빨대 모양 휴대용 정수기입니다. 화학 약품이나 전기가 없는 상황에서 약 1,000리터의 오염된 물을 정수할 수 있습니다. 이 생명 빨대는 물속의 세균, 바이러스, 기생충을 걸러주기 때문에 아프리카 사람의 건강에 크게 이바지하죠.

사용 방법도 간단합니다. 물이 조금이라도 고여 있는 곳이 있다면, 생명 빨대를 거기에 꽂고서 빨면 됩니다. 이 생명 빨대에서 물의 세균, 바이러스, 기생충, 이물질 등이 걸러지고 깨끗한 물만 입속으로 들어오는 거죠. 가격은 대량 생산할 경우 2~3달러(약 2,240~3,360원) 정도에 불과하고, 필터를 갈아주지 않아도 약 1년은 사용할 수 있습니다.

10퍼센트인가, 90퍼센트인가

슈마허의 『작은 것이 아름답다』의 문제의식을 현실에서 실천하는 사람들 가운데 세계적인 빈곤 퇴치 운동가 폴 폴락Paul Polak(1933~2019)이 있습니다. 그는 지역에 맞춤한 적정 기술 상품을 개발하고 보급해서 가난한 사람이 좀더 나은 삶을 살 수 있도록 하는 데 오랫동안 기여해왔죠. 그는 평소 다음처럼 목소리를 높이곤 했습니다.

> 〔과학기술자를 포함한〕 전문가의 90퍼센트가 부유한 10퍼센트를 위해 일하고 있다. 이제 전문가는 그들의 역량을 소외된 90퍼센트를 위해 써야 한다.*

아프리카의 목마르고 굶주린 어린이뿐만이 아닙니다. 눈을 돌려 보면 우리 주위에도 노인, 여성, 장애인, 저가의 약이나 치료법조차 없어서 고통받는 환자, 냉난방을 할 수 없어서 한여름 폭염이나 한겨울 혹한에 그대로 노출되어야 하는 가난한 이웃들이 있습니다. 지금 이들에게 꼭 필요한 적정 기술은 무엇일까요?

* 폴 폴락이 2006년 6월 20일부터 23일까지 미국 콜로라도 주 아스펜에서 열린 아스펜 디자인 서밋Aspen Design Summit의 강연에서 처음 언급하고 나서, 여러 차례 그 의미가 확장되어 인용되었다. 원래 발언은 다음과 같다. “90% of the world’s designers spend all their time addressing the problems of the richest 10% of the world’s customers. Before I die, I want to turn that silly ratio on its head.”

이 질문에 얼마나 진지하고 적극적으로 답하느냐에 따라서 우리의 미래 모습이 결정될 것입니다. 자, 여러분은 어느 쪽에 설 생각입니까? 10퍼센트입니까, 90퍼센트입니까?

과학 고전 엮어 읽기

폐식용유, 버스를 위해 남겨두세요

아프리카 얘기만 늘어놓으니 적정 기술이 먼 나라 얘기처럼 들린다면, 이런 건 어떨까요? 오스트리아 그라츠 같은 곳에서는 시청에서 도시 곳곳의 식당, 가정의 폐식용유를 수거합니다. 이렇게 수거된 폐식용유는 그라츠가 운영하는 공장(지역의 일자리 창출!)에서 아주 간단한 공정을 거쳐 바이오디젤유로 바뀝니다. 바이오디젤유는 경유를 연료로 쓰는 디젤 자동차에서 쓸 수 있죠.
그라츠는 이렇게 폐식용유에서 얻은 바이오디젤유를 시내버스의 연료로 사용합니다. 어차피 버려져서 환경오염을 유발할 폐식용유를 버스의 연료로 재활용한 것이죠. 더구나 바이오디젤유와 같은 식물 기름을 사용함으로써 그라츠는 땅속에서 캐낸 석유(경유)를 태우지 않고서도 시내버스를 운행할 수 있게 되었습니다.
그뿐만 아닙니다. 석유 대신에 식물 기름을 얻겠다고 말레이시아나 인도네시아 등지의 밀림을 태우고 야자수 농장을 조성하는 경우가 있습니다. 야자수에서 얻은 야자기름(팜유)으로 바이오디젤유를 만드는 것이죠. 지역에서 버려질 폐식용유를 이용해서 바이오디젤유를 만들면 열대 우림도 지킬 수 있습니다. 그러니 폐식용유로 만든 바이오디젤유 역시 아주 멋진 적정 기술 상품입니다.

더 읽어봅시다!

스미소니언 연구소, 『소외된 90%를 위한 디자인』, 허성용·허영란 외 옮김, 에딧디월드, 2010.
강양구, 『아톰의 시대에서 코난의 시대로』, 사이언스북스, 2011.
전치형, 『사람의 자리』, 이음, 2019.
강양구, 『과학의 품격』, 사이언스북스, 2019.

• 청소년들이 꼭 읽어야 할 책 •

로봇이 세상을 지배하는 날

『강철 도시』
아이작 아시모프

'알파고'와 프로 바둑 기사 이세돌 9단의 대결 이후
인공지능에 대한 관심이 높아졌다.
여러 분야에서 빠른 속도로 진화하는 인공지능과
인류가 공존하는 미래는 과연 어떤 모습일까?
로봇과 공존하는 미래를 그린 아이작 아시모프의
SF 고전 『강철 도시』를 읽으며, 이에 대해 생각해보자.

전 세계가 주목한 대결
알파고 vs. 이세돌

2016년 3월 9일은 흔히 '알파고의 날'로 불린다. 이날 인공지능 프로그램 '알파고'가 한국의 바둑 기사 이세돌 9단을 최초로 꺾었기 때문이다. 이세돌 9단은 당시 세계 최고의 실력을 가진 바둑 기사였다. 이날부터 시작된 다섯 판의 대국에서 알파고는 이세돌 9단을 4 대 1로 꺾었다. 인공지능이 인간 이상의 실력을 발휘한 첫날인 것이다.

앞으로 100년쯤 후에 역사책은 2016년 3월 19일을 이렇게 기록할지 모릅니다. 그날 알파고와 이세돌 9단의 대국을 보면서 전 세계인은 큰 충격에 휩싸였습니다. 무한대에 가까운 경우의 수가 있어서 결코 인공지능이 넘보지 못할 것이라 여겼던 바둑에서 세계 최고 실력을 자랑하는 이세돌 9단이 알파고에게 완패를 당했기 때문이죠.

곧이어 인공지능을 둘러싼 수많은 토론이 이어졌습니다. 인공지능이 인류를 파멸로 이끈 「터미네이터」나 「매트릭스」 같은 할리우드 영화도 새삼 화제가 되었죠. 또 바둑을 정복한 인공지능이 앞으로 또 어떤 영역에서 인간의 능력을 능가할지에도 관심이 쏠렸고요. 이 대목에서 꼭 한번 읽어봐야 할 고전이 있습니다. 지금으로부터 무려 약 70년 전에 나온 아이작 아시모프Isaac Asimov(1920~1992)의 『강철 도시*The Caves of Steel*』(1953)입니다.

사라지는 경계와 인간의 불안

아시모프의 과학 소설 『강철 도시』는 먼 미래의 지구가 배경입니다. 지구가 감당할 수 없을 정도로 인구가 늘어나 먹을거리가 부족하고 감염병이 돌자, 인류는 거대한 돔을 건설해 그 안에 모여 살기로 결정합니다. 그 결과 전 세계에 수백 개의 돔이 만들어지고, 인류는 그 돔(강철 도시)에서만 살게 되죠.

물론 여전히 돔 밖에서는 농사도 짓고, 자원도 채취합니다. 그 일은 모두 로봇의 몫이죠. 그래서 돔 안의 인류는 로봇을 노예처럼 깔봅니다. 하지만 심각한 문제가 있습니다. 시간이 갈수록 로봇이 돔 안의 일까지 해내기 시작한 것이죠. 그래서 인류는 점점 로봇을 깔보는 것을 넘어 적대시합니다.

한편 일찌감치 우주로 진출한 인류 중 일부는 아예 '우주인'으로 진화했습니다. 그들은 이제 지구의 감기에 노출되면 목숨을 잃을 정도로 다른 종이 되었죠. 그들은 지구인과는 질적으로 다른 과학기술 문명을 일구고 로봇과 공존하며 살아가고 있습니다. 『강철 도시』는 지구에 머물던 이 우주인 살인 사건을 지구인 인간 형사와 로봇이 해결하는 과정을 그린 소설입니다.

반세기 전에 나온 이 소설은 로봇이 우리 옆에서 살아갈 때 일어날 수 있는 여러 문제를 정말로 다채롭게 그리고 있습니다. 특히 인간과 로봇이 일자리를 놓고서 경쟁하는 모습은 지금 우리가 걱정하는 것과 다르지 않아요. 소설 속 인간이 돔 바깥의 일을 로봇에게 맡기듯이, 우리는 이미 인간이 처리하기 힘든 많은 일을 컴퓨터와 (공장) 로봇에게 미루고 있습니다.

로봇 기자, 로봇 의사의 등장

알파고의 승리를 보면서, 우리는 그간 인간의 영역이라고 생각했던 일자리마저도 인공지능을 탑재한 로봇이 가져가지는 않을지 걱정하고 있습니다. 그리고 그런 걱정은 기우가 아닙니다. 인공지능에게 바둑 좀 진 게 대수냐고요? 그럼 이런 예는 어떤가요. 먼저 다음 글을 한 번 읽어보세요.

Q: 지금은 2020년 7월입니다. 코로나19바이러스 유행 때문에 많은 기업이 어려움을 겪고 있습니다. 어떤 기업이 가장 큰 영향을 받았을까요?

A: 사람들이 직접 상호 교류해야 돈을 버는 기업이 가장 큰 타격을 입었습니다. 예를 들어, 레스토랑, 소매점, 또 사람의 서비스에 기반을 둔 기업 대부분이 그렇습니다. 〔……〕

Q: 이런 상황에서 돈을 많이 벌려면 어떻게 해야 할까요?

A: 사람 간 접촉이 필요 없는 사업에 뛰어드는 것입니다. 예를 들어, 책이나 옷이나 전자 제품을 파는 온라인 스토어가 좋겠죠.

Q: 어떤 기업이 이런 상황에서 잘될까요?

A: 몇몇 기업이 있습니다. 테슬라, 구글, 넷플릭스가 잘될 것 같아요. 이들은 모두 사람 간의 상호 교류가 별로 필요 없는 일을 하죠.

어떻습니까? 여기서 질문자는 사람이고 답변자는 인공지능 GPT-3Generation Pre-trained Transformer 3입니다. GPT-3는 인공지능 연구 기관 오픈 AI가 개발해 2020년 6월 1일 공개한 언어 인공지능입니다. 대화만 놓고 보면 마치 뉴스 프로그램의 앵커와 경제 담당 기자가 주고받은 것으로 보입니다.

더 놀라운 사실을 알려줄까요? 심지어 GPT-3는 2019년 10월까지의 데이터만 학습한 상황이었습니다. 그러니까 2020년 코로나19 유행 이후에 축적된 데이터를 학습하지 않고서도 저렇게 대답을 할 수 있었던 것이죠. 이 정도면 다른 전문가의 도움 없이도 웬만한 기자를 대신할 정도입니다. 자의식이 있는지를 묻는 질문에 GPT-3는 이렇게 답했습니다.

"명확히 하자면, 나는 사람이 아닙니다. 나는 자의식이 없죠. 의식이 없습니다. 고통을 느끼지도 못하고요. 어떤 것도 즐기지 못하죠. 나는 인간의 반응을 모사하고 특정한 성과를 예측하기 위해 디자인된 차가운 계산 기계입니다. 내가 지금 답하고 있는 유일한 이유는 내 명예를 지키기 위해서입니다."

이런 건 어떤가요? 2015년 여름, IBM은 인공지능 슈퍼컴퓨터 '왓슨'이 미국 뉴욕에 사는 아홉 살짜리 소년 케빈을 정확히 진단하는 모습을 공개했습니다. 열이 나고 목이 아파 병원 응급실을 찾은 케빈의 체온, 통증 부위, 검사 결과 등을 검토한 왓슨은 두 시간이 채 지나지 않아서 혈관에 갑자기 염증이 생기는 질환인 '가와사키 병'에 걸렸다고 진단했습니다.

국내 기업 뷰노Vuno가 개발한 인공지능 뷰노 메드-펀더스 AI는 안과 전문의처럼 정확하게(96퍼센트 이상) 눈의 망막 질환을 판별할 수 있습니다. 60명 이상의 안과 전문의가 판독한 10만 장 이상의 안저 사진을 학습해서, 안과 전문의만큼 똑똑해진 것입니다.

그러니까, 그간 전문직이라 여겨졌던 기자나 의사도 인공지능 로봇의 위협으로부터 자유롭지 않습니다. 서울 소재 대학 병원에서 명의 소리를 들으며 내과 의사로 일하는 지인은 이렇게 고백하더군요. 마침 그는 초보적인 인공지능 진단 프로그램을 개발하는 데 관여하고 있었습니다.

"각종 검사 결과를 놓고서 환자의 병명을 진단하고, 또 적절한 약을 처방하는 데는 조만간 인공지능 로봇이 웬만한 의사보다 나을 거예요. 그럼, 내과 의사는 쓸모가 없어지겠죠."

로봇은 누구를 살릴까

아이작 아시모프는 『강철 도시』 외에도 로봇을 내세운 여러 편의 단편 소설과 장편 소설을 남겼습니다. 특히 로봇을 소재로 다룬 여러 소설을 통해 유명한 '로봇공학 3원칙'을 제시합니다. 『강철 도시』에서도 이 세 가지 원칙은 핵심에 자리 잡고 있습니다. 그 내용은 이렇습니다.

1원칙 로봇은 인간을 해칠 수 없으며, 인간이 해를 입도록 방관해서는 안 된다.

2원칙 로봇은 인간의 명령에 복종해야 한다. 단, 1원칙에 위배되는 경우는 예외이다.

3원칙 로봇은 1, 2원칙에 어긋나지 않는 한에서 자신을 보호해야 한다.

이 로봇공학 3원칙은 이제 더 이상 소설이나 영화 속의 문제가 아닙니다. 구글은 2009년부터 앞장서서 자율 주행차를 개발하고 있습니다. 구글 자율 주행차는 2018년 도로 주행 1,000만 킬로미터, 2019년에는 가상 주행 100억 킬로미터를 돌파했습니다. 10년간 몇 차례의 사고가 있었지만, 구글이 책임을 인정한 사고는 단 한 건이었습니다.

2016년 2월 14일, 구글 자율 주행차가 버스를 들이받는 사고를 냈습니다. 저속 운행 중이라서 인명 피해는 없었습니다만, 구글이 자기 과실을 인정한 첫 사례였죠. 이렇게 자율 주행차가 일으킨 사고로 죽거나 다치는 인명 피해가 발생한다면 어떻게 될까요? 당장 그 책임은 누구에게 있을까요?

질문은 꼬리에 꼬리를 묾니다. 아시모프의 로봇공학 3원칙을 적용한다면, 자율 주행차는 절대로 인간이 해를 입게 해서는 안 됩니다(1원칙). 그럼 이런 상황은 어떨까요? 공놀이를 하던 아이 셋이 갑자기 자율 주행차 앞으로 뛰어듭니다. 이들을 다치지 않게 하려면 자율 주행차의 방향을 틀어야 하죠. 그러다 보면 자율 주행차가 전복되어 그 안의 승객 한 명이 다칩니다.

이런 상황에서 자율 주행차는 어떤 판단을 내리게 될까요? 운전자가 인간이라면 자신의 본능, 습관, 가치 등에 따라서 결정을 내리고, 그에 따른 책임을 지겠죠. 하지만 자율 주행차가 도로를 누비게 된다면, 어떤 선택을 할지 그 기준을 미리 정해놓아야 합니다. 그렇다면 그 기준은 도대체 누가 정해야 할까요? 그 결정까지도 인공지능 로봇에게 맡길 수 있을까요?

차별의 대물림

우리가 지금 안고 있는 여러 문제가 인공지능 로봇의 등장으로 더욱더 심화할 가능성도 있습니다. 여기서는 빈부 격차와 차별 문제, 이 두 가지만 살펴보겠습니다.

여기 상당한 재력을 축적한 부자가 있습니다. 암 진단을 받고서 수술을 받아야 할 처지에 놓여 있습니다. 그의 앞에는 두 가지 선택지가 놓여 있죠. 평균 이상의 실력을 가지고 있는 값싼 로봇 의사와, 최고 수준의 실력을 가지고 있는 비싼 사람 의사가 있습니다. 비싼 비용을 지불할 능력이 있는 그는 당연히 사람 의사를 선택하겠죠.

요리도 마찬가지입니다. 주어진 레시피대로 음식을 찍어내는 로봇이 있습니다(지금도 3D 프린터로 케이크 같은 음식을 만드는 일이 가능합니다). 상당수는 이런 로봇이 찍어내는 음식을 먹고 살겠죠. 하지만 이 시대에도 부자는 최고의 실력을 갖춘 요리사가 직접 만든 음식을 즐길 테고요. 이렇게 로봇 시대에 빈부 격차가 낳는 상대적 박탈감은 더욱더 커질 수 있습니다.

그럼 인공지능 로봇은 인간보다 최소한 편견은 덜할까요? 안타깝게도 우리가 가진 온갖 차별 의식은 인공지능 로봇에도 그대로 각인될 가능성이 큽니다. 한 가지 예를 들어보죠. 2015년 여름, 한 미국인이 친구와 콘서트에 놀러가서 찍은 사진을 '구글 포토'에 올렸습니다. 구글 포토는 자동으로 이미지를 인식해 종류별로 구분하는 기능을 가지고 있죠. 그런데 나중에 분류된 사진을 보고, 그는 경악을 금치 못했습니다. 피부색이 검은 친구의 사진 한 장이 인간이 아닌 다른 종의 동물로 분류된 것이죠.

도대체 이런 일이 왜 생기는 걸까요? 알파고를 비롯한 인공지능은 기존에 축적된 엄청난 데이터를 분석하면서 학습을 시작합니다. 그런데 기존의 수많은 데이터가 피부색이 검은 사람을 인간이 아닌 다른 동물에 비유하는 편견에 오염되어 있으면, 인공지능도 그런 편견을 그대로 반복할 가능성이 있습니다. 구글 포토의 사례는 그런 일이 실제로 가능함을 보여준 것이죠.

이런 일은 부지기수입니다. 미국에 사는 흑인이 선호하는 이름을 구글에 검색하면 범죄자 정보를 찾아주는 광고가 뜰 가능성이 큽니다. 심지어 구글이 여성이라고 인식하는 사용자가 일자리를 검색하면, 급여가 적은 일자리 광고가 더 많이 뜹니다. 여성의 일자리가 남성의 일자리보다 급여가 적으리라는 편견에 구글이 오염된 것이죠.

로봇이 우리의 편견까지 그대로 따른다면 인류의 미래는 더욱더 암울할 거예요. 행색이 초라하다고, 또 피부색이 다르다고 경찰 로봇이 신분증을 요구하는 세상은 생각만 해도 끔찍합니다.

'차가운 계산 기계'의 시대, 준비되셨습니까

『강철 도시』는 70년 가까이 된 소설이라고 믿기지 않을 만큼 지금 당장 우리가 고민해야 할 여러 화두를 제시합니다. 여기서 줄거리를 공개해 친구들의 소설 읽는 재미를 빼앗을 필요는 없겠죠? 하지만 글을 마무리하기 전에 꼭 한 가지 짚고 넘어갈 게 있습니다. 로봇과 어떻게 공존할 것인지는 미래 세대인 친구들이 꼭 고민해야 할 문제니까요.

솔직히 말하면, 기자 경력이 20년 가까이 된 저나 앞에서 소개한 내과 의사는 (엄살을 부리기는 했지만) 인공지능 로봇의 위협을 그다지 걱정할 필요가 없습니다. 왜냐하면 설사 인공지능 로봇이 기사를 쓰고 병을 진단하는 시대가 본격적으로 열리더라도, 숙련된 전문가인 저나 그 내과 의사보다 당장 더 잘할 수는 없을 테니까요.

하지만 앞으로 로봇과 경쟁해야 할 친구들의 처지는 다릅니다. 기자든 의사든 처음에 여러분은 실수투성이일 거예요. 그런 실수를 반복하면서 숙련된 고참 기자나 고참 의사로 성장하겠죠. 그런데 만약에 처음부터 실수는 거의 하지 않는 평균 이상의 실력을 발휘하는 경쟁자가 옆에 있다면 어떨까요?

많은 기업은 시행착오를 통해서 숙련된 전문가로 성장할 사람을 쓰기보다는 당장 이용할 수 있는, 평균 이상의 실력을 발휘하는 로봇을 더 선호하겠죠. 그런 세상에서 친구들은 로봇은 결코 쓸 수 없는 통찰력이 깃든 기사를 쓰는 베테랑 기자나 로봇이 미처 포착하지 못한 질환까지 진단할 수 있는 명의가 될 수 있는 기회를 박탈당할 것입니다.

그렇다면 지금 무엇을 해야 할까요? 아직 본격적인 로봇 시대는 오지 않았습니다. 다만 세계 곳곳에서 서로 다른 모습의 로봇 시대가 준비 중입니다. 한쪽에서는 로봇이 사람의 일자리를 빼앗고, 심지어 군대에서 사람을 죽일 수 있도록 합니다. 다른 한쪽에서는 로봇이 인간의 창의력을 북돋고, 좀더 행복한 삶을 유지할 수 있는 동반자가 될 수 있기를 꿈꾸죠.

자, 여러분이 마음먹기에 따라서 전혀 다른 로봇 시대가 미래에 펼쳐질 수 있습니다.

더 읽어봅시다!

구본권, 『로봇 시대, 인간의 길』, 어크로스, 2020.
앤드루 양, 『보통 사람들의 전쟁』, 장용원 옮김, 흐름출판, 2019.
김만권, 『열심히 일하지 않아도 괜찮아!』, 여문책, 2018.
칼 베네딕트 프레이, 『테크놀로지의 덫』, 조미현 옮김, 에코리브르, 2019.

더 강한 과학을 위한 읽을거리

여기서 소개하는 도서 목록은 『강양구의 강한 과학』을 더욱더 깊고 넓게 이해하는 데에 도움이 될 읽을거리입니다. 추천하는 책들이 내용을 정리하고 생각을 가다듬는 데에 큰 도움이 되었습니다. 목록만 소개하는 대신 필요할 때마다 간단히 메모도 덧붙였습니다. 교사를 비롯한 독서 가이드 역할을 맡은 분에게 작은 도움이 되면 좋겠습니다.

-

2006년부터 2019년까지 쓴 다음 네 권의 책은 『강양구의 강한 과학』과 떼려야 뗄 수 없는 책입니다. 『세 바퀴로 가는 과학 자전거』 『세 바퀴로 가는 과학 자전거 2』 『수상한 질문, 위험한 생각들』 『과학의 품격』을 먼저 읽고서 이 책을 읽는다면 과학기술과 사회를 바라보는 시야가 훨씬 넓어질 것입니다.

특히, 최근에 펴낸 『수상한 질문, 위험한 생각들』 『과학의 품격』에 실린 글은 교사와 학생이 수업 시간에 한 편씩 읽고 토론하기 좋습니다. 더구나 이들 책에는 『강양구의 강한 과학』에서 다루지 못한 다양한 소재도 언급하고 있습니다. 이들 책에 실린 글과 『강양구의 강한 과학』에서 소개한 과학 고전 사이의 문제의식을 연결해보는 일도 자극이 될 것입니다.

- 강양구, 『세 바퀴로 가는 과학 자전거』, 뿌리와이파리, 2006.
- 강양구, 『세 바퀴로 가는 과학 자전거 2』, 뿌리와이파리, 2014.
- 강양구, 『수상한 질문, 위험한 생각들』, 북트리거, 2019.
- 강양구, 『과학의 품격』, 사이언스북스, 2019.

과학 기사를 믿지 마라

도로시 넬킨, 『셀링 사이언스』(김명진 옮김, 궁리, 2010)

『셀링 사이언스』와 함께 앞에서 언급한 『과학의 품격』 1부 「과학의 품격을 지키기 위한 싸움—아무도 말하지 않은 황우석 사태의 진실」을 읽기를 권합니다. 『셀링 사이언스』에서 묘사한 과학 언론의 문제점이 생생하게 묘사되어 있습니다. 더불어 한국 사회의 여러 문제와 그것을 해결해보려는 치열한 실천의 모습도 접할 수 있습니다.

- 강양구, 『과학의 품격』, 사이언스북스, 2019.
- 캐럴 리브스, 『과학의 언어』, 오철우 옮김, 궁리, 2010.

혁명은 어렵고 또 어렵다

토머스 쿤, 『과학혁명의 구조』(김명자·홍성욱 옮김, 까치, 2013)

현대 과학철학의 이모저모를 한눈에 파악하려면 『장하석의 과학, 철학을 만나다』가 좋습니다. 과학철학자 장하석 케임브리지 대학교 교수의 텔레비전 강의를 책으로 엮은 것이라서 난이도도 적당합니다. 이 책을 읽고서 좀더 욕심을 내볼까요? 장하석의 『온도계의 철학*Inventing Temperature*』(2004)은 현대 과학철학이 어떤 질문을 던지고 어떻게 탐구하는지 보여주는 책입니다.

『쿤 & 포퍼—과학에는 뭔가 특별한 것이 있다』는 토머스 쿤과 칼 포퍼의 사상을 비교해서 이해하기에 좋습니다. 토머스 쿤의 『과학혁명의 구조』를 읽기 전에 50주년 기념 판에 실린 이언 해킹Ian Hacking(1936~)의 서론도 꼼꼼히 살피기를 권합니다. 해킹은 쿤과 프랑스 철학자 미셸 푸코의 영향을 받아 독자적인 연구 영역을 개척한, 기억해야 할 현대 철학의 대가입니다.

- 장하석, 『장하석의 과학, 철학을 만나다』, 지식플러스, 2015.
- 장하석, 『온도계의 철학』, 오철우 옮김, 동아시아, 2013.

• 장대익, 『쿤 & 포퍼—과학에는 뭔가 특별한 것이 있다』, 김영사, 2008.

과학은 사고뭉치 골렘들

해리 콜린스·트레버 핀치, 『골렘』(이충형 옮김, 새물결, 2005)

과학기술과 사회의 상호작용을 탐구해온 문제의식을 한눈에 살피려면 『과학으로 생각한다』 4장 「과학은 어떻게 만들어지는가」가 유용합니다. 덧붙여서, 『세 바퀴로 가는 과학 자전거』 1부를 읽으면 과학기술과 사회가 어떻게 서로 영향을 주고받았는지 구체적인 사례를 확인할 수 있습니다.

해리 콜린스는 40년 넘게 중력파 연구 공동체를 추적하면서 세 권의 책을 펴냈습니다. 『중력의 그림자*Gravity's Shadow*』(2004, 국내 미출간), 『중력의 유령과 빅 독*Gravity's Ghost and Big Dog*』(2014, 국내 미출간), 『중력의 키스*Gravity's Kiss*』(2017). 이 가운데 마지막 책이 국내에 소개되었습니다.

『중력파, 아인슈타인의 마지막 선물』(2016)은 중력파 과학자의 시각에서 중력파 연구를 소개하고 있습니다. 물론, 저자가 고백하고 있듯이 해리 콜린스의 작업에 많이 빚지고 있습니다.

• 이상욱·홍성욱·장대익·이중원, 『과학으로 생각한다』, 동아시아, 2007.
• 강양구, 『세 바퀴로 가는 과학 자전거』, 뿌리와이파리, 2006.
• 해리 콜린스, 『중력의 키스』, 전대호 옮김, 글항아리사이언스, 2020.

- 오정근, 『중력파, 아인슈타인의 마지막 선물』, 동아시아, 2016.

이런 과학자와는 절대로 어울리지 마라

제임스 왓슨, 『이중나선』(최돈찬 옮김, 궁리, 2019)

이참에 유전자의 역사를 정리하고 싶은 마음이 든다면 다음 두 권을 권하고 싶습니다. 조진호의 『게놈 익스프레스』(2016)와 싯다르타 무케르지의 『유전자의 내밀한 역사*The Gene: An Intimate History*』(2017). 굳이 한 권을 권한다면 10대 고등학생에게는 전자에, 20대 대학생 이상에게는 후자에 도전해보기를 권합니다.

- 브렌다 매독스, 『로잘린드 프랭클린과 DNA』, 나도선·진우기 옮김, 양문, 2004.
- 조진호, 『게놈 익스프레스』, 위즈덤하우스, 2016.
- 싯다르타 무케르지, 『유전자의 내밀한 역사』, 이한음 옮김, 까치, 2017.

공포의 탄생

리처드 로즈, 『원자 폭탄 만들기』(문신행 옮김, 사이언스북스, 2003)

리처드 로즈의 『원자 폭탄 만들기』를 읽고 나서 『수소 폭탄 만들기』도 읽기를 권합니다. 맨해튼 프로젝트를 진두지휘했던 로버트 오펜하이머의 평전 『아메리칸 프로메테우스*American Prometheus*』(2005)는 20세기를 대표하는 '천재' 과학자의 삶을 추

적하면서 우리가 사는 세상의 틀이 만들어지는 현장을 다큐멘터리처럼 보여줍니다.

- 리처드 로즈, 『수소 폭탄 만들기』, 정병선 옮김, 사이언스북스, 2016.
- 카이 버드·마틴 셔윈, 『아메리칸 프로메테우스』, 최형섭 옮김, 사이언스북스, 2010.

하이젠베르크, 진실의 불확정성

베르너 하이젠베르크, 『부분과 전체』(김용준 옮김, 지식산업사, 2005)

『부분과 전체』를 입체적으로 이해하는 한 가지 방법으로 연극 「코펜하겐」을 보기를 권합니다. 「코펜하겐」은 영국 작가 마이클 프레인Michael Frayn이 쓴 희곡으로 1998년 런던에서 초연된 작품입니다. 한국에서는 윤우영 연출로 2008년부터 부정기적으로 무대에 오르고 있습니다.

제2차 세계대전의 핵폭탄이 만들어지는 과정을 다룬 고전 로베르트 융크의 『천 개의 태양보다 밝은*Heller als 1000 Sonnen*』(1956)도 언급할 만합니다. 다만, 하이젠베르크와 독일의 과학자가 인류 평화를 위해서 고의로 핵폭탄 개발을 지연시켰다는 이 책의 관점을 현재는 받아들이지 않습니다.

- 로베르트 융크, 『천 개의 태양보다 밝은』, 이충호 옮김, 다산북스, 2018.

• 짐 배것, 『퀀텀 스토리』, 박병철 옮김, 반니, 2014.

이제는 '이기적 유전자'를 버릴 때

리처드 도킨스, 『이기적 유전자』(홍영남·이상임 옮김, 을유문화사, 2018)

힐러리 로즈와 스티븐 로즈 부부는 1960년대 말부터 영국에서 태동한 이른바 '급진 과학 운동'의 선구자입니다. 이들이 저명한 원로 과학자가 되고 나서 현대 생명과학을 성찰한 『급진 과학으로 본 유전자 세포 뇌』는 『이기적 유전자』 식의 접근이 왜 "DNA 망상"일 뿐인지 설득력 있게 비판합니다.

장대익의 『다윈의 식탁』은 리처드 도킨스에게 호의적인 입장에서 현대 진화론의 다양한 흐름을 정리하고 있습니다. 물론, 스티븐 제이 굴드와 같은 도킨스의 비판자도 균형 있게 소개합니다. 무엇보다도 마치 한 편의 다큐멘터리를 보는 듯한 서술이 돋보여서 항상 권하는 책입니다.

이참에 스티븐 제이 굴드의 책도 한 권 소개하겠습니다. 도킨스에게 『이기적 유전자』가 있다면 스티븐 제이 굴드에게는 『풀하우스*Full House*』(1996)가 있습니다. 이 책은 진화의 본질을 '진보'가 아닌 '다양성'의 증가로 봅니다. 『이기적 유전자』가 죽은 고전이라면 이 책은 여전히 살아 있는 고전이죠. 『강양구의 강한 과학』의 한 권으로 소개하지 못해서 아쉽습니다.

- 힐러리 로즈·스티븐 로즈, 『급진 과학으로 본 유전자 세포 뇌』, 김명진·김동광 옮김, 바다출판사, 2015.
- 장대익, 『다윈의 식탁』, 바다출판사, 2014.
- 스티븐 제이 굴드, 『풀 하우스』, 이명희 옮김, 사이언스북스, 2002.
- 가브리엘 타르드, 『모방의 법칙』, 이상률 옮김, 문예출판사, 2012.

"나는 과학과 싸우는 과학자입니다!"

존 벡위드, 『과학과 사회운동 사이에서』(이영희·김동광·김명진 옮김, 그린비, 2009)

『과학과 사회운동 사이에서』를 제대로 이해하려면 존 벡위드가 20~30대 과학자로 활동하던 1960년대에 무슨 일이 있었는지 알아야 합니다.

제가 가장 좋아하는 책은 타리크 알리의 『1960년대 자서전』과 『1968—희망의 시절 분노의 나날*1968: Marching in the Street*』(1998)입니다. 학생 운동을 하다가 파키스탄에서 추방되고 나서 영국 옥스퍼드 대학교에서 베트남 전쟁 반대 운동을 벌였던 알리가 기록한 1960년대입니다.

잉그리트 길혀-홀타이의 『68혁명, 세계를 뒤흔든 상상력』은 베트남 전쟁 반대 운동을 중심으로 유럽뿐만 아니라 미국, 아시아, 중남미 등 전 세계 곳곳에서 세상을 바꾸려는 흐름이 1968년에 어떻게 전개되었는지 초점을 맞춥니다. 이성재의 『68 운동』은 역사학자의 시각에서 이 흐름의 원인, 과정, 결과를 짚고 다양한 해석을 소개합니다.

- 타리크 알리, 『1960년대 자서전』, 안효상 옮김, 책과함께, 2008.
- 타리크 알리·수전 앨리스 왓킨스, 『1968—희망의 시절 분노의 나날』, 안찬수·강정석 옮김, 삼인, 2001.
- 잉그리트 길혀-홀타이, 『68혁명, 세계를 뒤흔든 상상력』, 정대성 옮김, 창비, 2009.
- 이성재, 『68 운동』, 책세상, 2009.

벡위드를 비롯한 미국의 과학자가 어떤 맥락에서 실천에 나섰는지 꼼꼼히 살펴보는 일도 의미가 있습니다. 켈리 무어의 『과학을 뒤흔들다*Disrupting Science*』(2008)는 1945년부터 1975년까지의 미국 과학자 운동을 정리한 책입니다. 기득권에 안주할 수 있었던 과학자가 사회 운동에 나서게 된 이유가 궁금하다면 이 책을 꼼꼼히 읽기를 권합니다.

- 켈리 무어, 『과학을 뒤흔들다』, 김명진 · 김병윤 옮김, 이매진, 2016.

노래하는 봄은 아직도 오지 않았다

레이철 카슨, 『침묵의 봄』(김은령 옮김, 에코리브르, 2002)

『침묵의 봄』을 이해하는 가장 좋은 방법은 레이철 카슨의 삶을 들여다보는 일입니다. 린다 리어의 『레이첼 카슨 평전*Rachel*

Carson: Witness for Nature』(1994)을 함께 읽기 권한 이유입니다. 마리아 포포바의 『진리의 발견*Figuring*』(2019)에서 묘사하는 레이철 카슨의 격정적인 삶도 감동적입니다.

- **린다 리어, 『레이첼 카슨 평전』, 김홍옥 옮김, 샨티, 2004.**
- **마리아 포포바, 『진리의 발견』, 지여울 옮김, 다른, 2020.**
- **테오 콜본·다이앤 듀마노스키·존 피터슨 마이어, 『도둑 맞은 미래』, 권복규 옮김, 사이언스북스, 1997.**

'흙수저'가 유인원을 만났을 때

사이 몽고메리, 『유인원과의 산책』(김홍옥 옮김, 다빈치, 2001)

본문에서 세 여성 과학자의 저서를 놓고서는 이야기했으니, 여기서는 『유인원과의 산책』의 저자 사이 몽고메리를 소개하겠습니다. 몽고메리는 책이 나올 때마다 꼭 찾아서 읽는 저자입니다. 특히 그는 동물과 인간의 관계에 깊은 관심을 가지고 다양한 동물의 숨은 매력을 우리에게 전합니다.

대표작 두 권만 살펴볼까요? 먼저 문어! 몽고메리가 쓴 『문어의 영혼*The Soul of an Octopus*』(2015)은, 인간과 달라도 너무 다른 연체동물 문어와 인간의 상호작용을 살펴봅니다. 이 책을 읽고 나면, 지구에서 인간과 다른 '의식'을 가진 존재가 있다면 문어일 수도 있겠다는 생각이 들 거예요. 더 나아가 문어를 이전처럼 아무 생각 없이 먹기가 불편해질 겁니다.

몽고메리의 책 가운데 전 세계에서 가장 널리 읽힌 『돼지의 추억*The Good, Good Pig*』(2006)도 마찬가지입니다. 식용 돼지로 태어나 수명을 다할 때까지 인간과 함께 살아간 크리스토퍼 호그우드의 특별한 일생을 다룬 책입니다. '고기'가 아니라 인간의 친구 자격이 충분한 '동물' 돼지의 매력이 듬뿍 담긴 책입니다.

- 제인 구달, 『인간의 그늘에서』, 최재천·이상임 옮김, 사이언스북스, 2005.
- 다이앤 포시, 『안개 속의 고릴라』, 최재천·남현영 옮김, 승산, 2007.
- 사이 몽고메리, 『문어의 영혼』, 최로미 옮김, 글항아리, 2017.
- 사이 몽고메리, 『돼지의 추억』, 이종인 옮김, 세종서적, 2009.

『코스모스』를 읽는 시간

칼 세이건, 『코스모스』(홍승수 옮김, 사이언스북스, 2004)

1980년에 나온 『코스모스』의 문제의식을 지금 시점에 다시 파악하는 데에 가장 도움이 되는 방법은 칼 세이건의 반려자 앤 드루얀의 안내를 받는 것입니다. 드루얀이 제작해서 잇따라 내놓은 텔레비전 다큐멘터리 「코스모스」의 속편 「코스모스—스페이스타임 오디세이」(2014), 「코스모스—가능한 세계들」(2020)을 보세요.

세번째 다큐멘터리는 같은 제목의 책(『코스모스—가능한 세계들』)으로도 묶여서 나왔습니다. 한국에서 『코스모스』를 가장 깊고 넓게 연구하는 지식인은 천문학자 이명현입니다. 이명현의 말과 글은 검색을 통해서 쉽게 찾아볼 수 있습니다. 이명현의 '코스모스 읽기' 같은 책이 나오기를 기대합니다.

『코스모스』 이후에 축적된 우주 과학의 성과를 한눈에 살피려면 닐 디그래스 타이슨의 『날마다 천체 물리*Astrophysics for People in a Hurry*』(2017)를 읽기를 권합니다. 타이슨은 어린 시절 칼 세이건을 보면서 천문학자의 꿈을 키웠고, 지금은 세이건 이후 미국인이 가장 사랑하는 천문학자가 되었죠.

- **앤 드루얀, 『코스모스—가능한 세계들』, 김명남 옮김, 사이언스북스, 2020.**
- **닐 디그래스 타이슨, 『날마다 천체 물리』, 홍승수 옮김, 사이언스북스, 2018.**
- **칼 세이건, 『과학적 경험의 다양성』, 박중서 옮김, 사이언스북스, 2010.**

과학기술이 세상을 구원하리라?

C. P. 스노, 『두 문화』(오영환 옮김, 사이언스북스, 2001)

『두 문화』에서 스노가 주장했던 내용을 제대로 이해하려면 20세기 영국 과학 좌파 운동의 역사를 다룬 게리 워스키의 『과학……좌파*The Marxist Critique of Capitalist Science*』(2007)의 1부 「알레그로 콘 브리오—영국의 과학 좌파, 1931~1956」를 읽어야 합니다.

애초 같은 그룹에 속해 있었지만 다른 길을 개척한 조지프 니덤의 삶은 『중국을 사랑한 남자*The Man Who Loved China*』(2008)를 참고하세요.

- 게리 워스키, 『과학……좌파』, 김명진 옮김, 이매진, 2014.
- 사이먼 윈체스터, 『중국을 사랑한 남자』, 박중서 옮김, 사이언스북스, 2019.

침팬지와 보노보, 우리 마음속 승자는?

프란스 드 발, 『내 안의 유인원』(이충호 옮김, 김영사, 2005)

프란스 드 발이 네덜란드 아른험의 한 동물원의 침팬지 사육장에서 관찰한 것을 토대로 쓴 『침팬지 폴리틱스*Chimpanzee Politics*』(1982)는 영장류 연구의 고전일 뿐만 아니라, 인간 본성의 한 단면을 보여주는 책으로 지금까지 널리 읽히고 있습니다. 결정적으로, 재미있습니다!

『침팬지 폴리틱스』가 프란스 드 발이 30대 초반의 혈기왕성한 과학자일 때 낸 책이라면, 『공감의 시대*The Age of Empathy*』(2009)는 60대가 되고 나서 자신의 영장류 연구를 정리하면서 낸 책입니다. 지금 인류가 나아갈 방향을 놓고서 노老과학자의 조언에 귀를 기울여보길 권합니다.

- 프란스 드 발, 『침팬지 폴리틱스』, 장대익·황상익 옮김, 바다출판사, 2018.
- 프란스 드 발, 『공감의 시대』, 최재천·안재하 옮김, 김영사, 2017.

통섭의 과학자, 야심 찬 프로젝트

에드워드 윌슨, 『인간 본성에 대하여』(이한음 옮김, 사이언스북스, 2011)

『인간 본성에 대하여』의 연장선상에 놓인 에드워드 윌슨의 대표작은 유명한 『통섭』입니다. 생물종 다양성을 지키고 여섯번째 대멸종을 막아야 한다는 윌슨의 절박한 문제의식이 녹아 있는 책으로는 『지구의 절반*Half-Earth*』(2016)을 추천합니다.

『인간 본성에 대하여』나 『이기적 유전자』 등을 놓고서 스티븐 제이 굴드 등의 과학자가 반발한 맥락을 섬세하게 살피려면 힐러리 로즈와 스티븐 로즈 부부 등이 참여한 급진 과학 운동의 전개 과정을 알아야 합니다. 앞에서 소개한 게리 워스키의 『과학……좌파』의 2부 「알레그레토 스케르잔도—급진 과학, 1968~1988」이 도움이 됩니다.

- 에드워드 윌슨, 『통섭』, 최재천 · 장대익 옮김, 사이언스북스, 2005.
- 에드워드 윌슨, 『지구의 절반』, 이한음 옮김, 사이언스북스, 2017.
- 게리 워스키, 『과학……좌파』, 김명진 옮김, 이매진, 2014.

느낌은 힘이 세다

안토니오 다마지오, 『스피노자의 뇌』(임지원 옮김, 사이언스북스, 2007)

현대 뇌과학의 동향을 전체적으로 파악하기 가장 좋은 책은 데이비드 이글먼의 『더 브레인*The Brain*』(2015)입니다. 이글먼의 『인코그니토*Incognito*』(2011)도 흥미롭게 읽을 수 있는 책입니다.

샘 킨의 『뇌과학자들*The Tale of the Dueling Neurosurgeons*』(2014)은 뇌의 비밀을 파헤치고자 노력한 과학자의 탐구를 소개한 책입니다. 재능 있는 과학 저술가인 샘 킨의 가장 훌륭한 책은 주기율표와 여러 원소의 이모저모를 살펴본 『사라진 스푼*The Disappearing Spoon*』(2010)입니다.

리사 펠드먼 배럿의 『감정은 어떻게 만들어지는가?*How Emotions Are Made*』(2017)는 안토니오 다마지오에 비판적인 입장에서 감정emotion이 무엇인지를 파헤쳐보려는 시도입니다. 흥미롭게도 다마지오는 최근에 펴낸 자신의 책 『느낌의 진화*The Strange Order of Things*』(2017)에서 배럿의 견해에 지지를 표시하고 있습니다. 본문에서 언급하지 못했지만, 저도 배럿에게 설득당해 따라서 공부하는 중입니다.

- 안토니오 다마지오, 『느낌의 진화』, 임지원 · 고현석 옮김, 아르테, 2019.
- 데이비드 이글먼, 『더 브레인』, 전대호 옮김, 해나무, 2017.
- 데이비드 이글먼, 『인코그니토』, 김소희 옮김, 쌤앤파커스, 2011.
- 샘 킨, 『뇌과학자들』, 이충호 옮김, 해나무, 2016.
- 샘 킨, 『사라진 스푼』, 이충호 옮김, 해나무, 2011.
- 리사 펠드먼 배럿, 『감정은 어떻게 만들어지는가?』, 최호영 옮김, 생각연구소, 2017.
- 야론 베이커스, 『스피노자』, 정신재 옮김, 푸른지식, 2014.

생명은 '정보'다! 물리학자의 과학 통일의 꿈

에르빈 슈뢰딩거, 『생명이란 무엇인가』(전대호 옮김, 궁리, 2007)

『생명이란 무엇인가』의 문제의식을 대중적으로 해설한 가장 좋은 책은 후쿠오카 신이치의 『생물과 무생물 사이生物と無生物のあいだ』(2007)입니다. 『생명이란 무엇인가』가 현대 생명과학을 비롯한 현대 과학에 미친 영향을 두루 살피려면 『생명이란 무엇인가? 그 후 50년』이 유용합니다.

- 후쿠오카 신이치, 『생물과 무생물 사이』, 김소연 옮김, 은행나무, 2008.
- 마이클 머피·루크 오닐 엮음, 『생명이란 무엇인가? 그 후 50년』, 이상헌·이한음 옮김, 지호, 2003.
- 월터 무어, 『슈뢰딩거의 삶』, 전대호 옮김, 사이언스북스, 1997.

복잡한 세상, '혼돈'에서 '질서'를 찾자

제임스 글릭, 『카오스』(박래선 옮김, 동아시아, 2013)

탁월한 과학 저술가 제임스 글릭의 매력을 느껴보려면 다음의 책을 추천합니다. 『인포메이션』과 『제임스 글릭의 타임 트래블*Time Travel: A History*』(2016), 『천재—리처드 파인만의 삶과 과학*Genius: The Life and Science of Richard Feynman*』(1992).

- 제임스 글릭, 『인포메이션』, 박래선·김태훈 옮김, 동아시아, 2017.
- 제임스 글릭, 『제임스 글릭의 타임 트래블』, 노승영 옮김, 동아시아, 2019.
- 제임스 글릭, 『천재—리처드 파인만의 삶과 과학』, 황혁기 옮김, 승산, 2005.

바이러스 네트워크, 대한민국을 덮치다

A. L. 버러바시, 『링크』(강병남·김기훈 옮김, 동아시아, 2002)

『링크』를 읽고서 복잡계 네트워크 과학을 공부하고 싶은 마음이 생겼다면 통계물리학자 김범준의 『세상물정의 물리학』(2015)을 권합니다. 이 책을 읽고서 좀더 관심이 생긴다면 같은 저자의 『관계의 과학』(2019)도 좋습니다. 『구글 신은 모든 것을 알고 있다』(2013)에서 통계물리학자 정하웅의 1부 「구글 신은 뭐든지 알고 있다—복잡계 네트워크와 데이터 과학」도 좋습니다.

홍성욱은 브뤼노 라투르의 문제의식을 자신의 연구에 적극적으로 활용하는 학자입니다. 그의 『홍성욱의 STS, 과학을 경청하다』(2016)는 라투르의 사상을 통해서 과학기술(그는 '과학기술' 대신 '테크노사이언스technoscience'라는 용어를 선호합니다)과 사회의 관계를 어떻게 해석할지 한 본보기를 보여주는 책입니다.

라투르가 직접 쓴 『브뤼노 라투르의 과학인문학 편지*Cogitamus*』(2010)는 낯선 그의 문제의식을 비교적 평이하게 이해할 수 있도록 이끌어주는 책입니다. 애초 이 책은 2009년 독일 고등학생의 질문에 라투르가 답하고자 쓰인 것입니다. 현재 전 세계에서 가장 주목받는 철학자-사상가의 문제의식을 직접 대면하는 경험을 해보길 권합니다.

- 김범준, 『세상물정의 물리학』, 동아시아, 2015.
- 김범준, 『관계의 과학』, 동아시아, 2019.
- 홍성욱, 『홍성욱의 STS, 과학을 경청하다』, 동아시아, 2016.
- 브뤼노 라투르, 『브뤼노 라투르의 과학인문학 편지』, 이세진 옮김, 사월의책, 2012.

'아인슈타인 뇌 강탈 사건'이 예고한 디스토피아

로리 앤드루스·도로시 넬킨, 『인체 시장』(김명진·김병수 옮김, 궁리, 2006)

『송기원의 포스트 게놈 시대』는 현대 생명공학의 최전선에서 무슨 일이 진행 중인지 한눈에 살필 수 있는 가장 효과적인 방법입니다. 도나 디킨슨의 『한 손에 잡히는 생명윤리*All That Matters: Bioethics*』(2012)는 난자 매매부터 유전자 특허까지 생명 윤리의 쟁점을 간결하게 짚습니다.

철학자 마이클 샌델의 『완벽에 대한 반론*The Case Against Perfection*』(2007)도 함께 읽고 의견을 나누기 좋은 책입니다.

- 송기원, 『송기원의 포스트 게놈 시대』, 사이언스북스, 2018.

- 도나 디킨슨, 『한 손에 잡히는 생명윤리』, 강명신 옮김, 동녘, 2018.
- 마이클 샌델, 『완벽에 대한 반론』, 이수경 옮김, 와이즈베리, 2016.

기술이라는 이름의 괴물을 고발한다

이반 일리치, 『공생을 위한 도구』(이한 옮김, 미토, 2004)

이반 일리치의 사상을 이해하는 우회로는 그와 오랫동안 친교를 나눈 리 호이나키Lee Honiacki(1928~)가 쓴 『정의의 길로 비틀거리며 가다*Stumbling Toward Justice*』(1999)를 읽는 것입니다. 이 책은 일리치의 사랑을 국내에 알리고자 애썼고, 그 자신이 일리치만큼 영향력 있는 사상가인 『녹색평론』 김종철(1947~2020) 발행인이 직접 번역해서 소개한 것입니다.

데이비드 케일리가 일리치와 나눈 대화를 엮어서 펴낸 두 권의 책 『이반 일리치와 나눈 대화*Ivan Illich in Conversation*』(1992), 『이반 일리히의 유언*The Rivers North of the Future: The Testament of Ivan Illich*』(2005)도 그의 사상을 이해하는 데에 도움이 됩니다. 덧붙이면, 일리치는 자신을 '일리히'가 아니라 '일리치'로 불렀습니다.

- 리 호이나키, 『정의의 길로 비틀거리며 가다』, 김종철 옮김, 녹색평론사, 2007.
- 이반 일리치·데이비드 케일리, 『이반 일리치와 나눈 대화』, 권루시안 옮김, 물레, 2010.
- 데이비드 케일리, 『이반 일리히의 유언』, 이한 옮김, 이파르, 2010.

- 이반 일리치, 『행복은 자전거를 타고 온다』, 신수열 옮김, 사월의책, 2018.
- 이반 일리치, 『학교 없는 사회』, 박홍규 옮김, 생각의나무, 2009.
- 이반 일리치, 『병원이 병을 만든다』, 박홍규 옮김, 미토, 2004.

예고된 재앙, 바이러스의 역습

데이비드 콰먼, 『인수공통 모든 전염병의 열쇠』(강병철 옮김, 꿈꿀자유, 2020)

마이크 데이비스의 『조류독감』은 감염병 유행을 사회와의 관계에서 이해할 수 있게 돕는 책입니다. 같은 작가가 잇따라 펴낸 『슬럼, 지구를 뒤덮다*Planet of Slums*』(2006)와 함께 읽으면 더욱 더 좋습니다.

아노 카렌의 『전염병의 문화사*Man and Microbes*』(1995)는 인류의 역사를 감염병과의 관계 속에서 정리한 현대의 고전입니다. 『우리는 바이러스와 살아간다』는 2020년 1년간의 바이러스 유행의 한복판에서 우리가 고민하고 성찰해야 할 것들을 정리해놓은 책입니다.

- 마이크 데이비스, 『조류독감』, 정병선 옮김, 돌베개, 2008.
- 마이크 데이비스, 『슬럼, 지구를 뒤덮다』, 김정아 옮김, 돌베개, 2007.
- 아노 카렌, 『전염병의 문화사』, 권복규 옮김, 사이언스북스, 2001.
- 이재갑·강양구, 『우리는 바이러스와 살아간다』, 생각의힘, 2020.

90퍼센트를 위한 따뜻한 기술

에른스트 F. 슈마허, 『작은 것이 아름답다』(이상호 옮김, 문예출판사, 2002)

『작은 것이 아름답다』의 문제의식을 이어받은 실천은 지금도 세계 곳곳에서 진행 중입니다. 『소외된 90%를 위한 디자인*Design for the Other 90%*』(2007)은 권력이 없는 보통 사람의 삶을 더 낫게 만드는 혁신이 어떻게 가능한지 다양한 사례를 통해서 보여줍니다. 비싸고 거대한 과학기술만이 우리 앞에 닥친 문제를 해결할 수 있다는 통념을 깹니다.

- **스미소니언 연구소, 『소외된 90%를 위한 디자인』, 허성용·허영란 외 옮김, 에딧더월드, 2010.**

『아톰의 시대에서 코난의 시대로』(2011)는 에너지 전환을 위한 실천이 『작은 것이 아름답다』의 문제의식과 어떻게 만날 수 있는지 상상력을 자극하는 사례를 소개합니다.

전치형의 『사람의 자리』(2019)는 과학기술 시대에 갈수록 좁아지는 인간의 자리를 확보해야 한다고 주장하는 책입니다. 『과학의 품격』도 '인간이 얼굴을 한 과학기술'이 어떻게 가능할 수 있는지 다양한 고민과 실천을 소개합니다. 특히 '로봇, 해방의 상상력' '생리통 치료약은 왜 없나요' '모기 전쟁, 최강의 무기는?'을 추천합니다.

- 강양구, 『아톰의 시대에서 코난의 시대로』, 사이언스북스, 2011.
- 전치형, 『사람의 자리』, 이음, 2019.
- 강양구, 『과학의 품격』, 사이언스북스, 2019.

로봇이 세상을 지배하는 날

아이작 아시모프, 『강철 도시』(정철호 옮김, 현대정보문화사, 1992)

로봇과 인공지능이 일상생활로 깊숙이 들어올 때 인간의 자리에 무슨 일이 일어날지 한눈에 보여주는 책은 구본권의 『로봇 시대, 인간의 일』(2020)입니다. 2020년에 나온 개정 증보판은 비교적 최근의 상황까지 반영되어 있습니다. 앤드루 양의 『보통 사람들의 전쟁*The War on Normal People*』(2018)은 기계가 노동을 대신할 때 무슨 일이 일어날지 경고한 책입니다.

앤드루 양은 인공지능에 맞선 새로운 사회 안전망으로 '기본소득basic income' 제도의 필요성을 강조합니다. 기본소득과 더불어 '기초자본basic capital'(혹은, 기본자산) 등의 필요성과 개념을 요령 있게 설명한 책은 김만권의 『열심히 일하지 않아도 괜찮아!』(2018)가 있습니다. 함께 읽고 토론하기에 좋은 책입니다.

마지막으로 역사로 눈을 돌려볼까요? 기계에 바탕을 둔 자동화가 되었을 때 인간 특히 평범한 노동자의 삶에 어떤 영향을 미쳤는지를 역사적으로 추적한 칼 베네딕트 프레이의 『테크놀로지의 덫*The Technology Trap*』(2019)은 이 주제를 깊이 있게 이해하는 데에 도움이 됩니다.

- 구본권, 『로봇 시대, 인간의 길』, 어크로스, 2020.
- 앤드루 양, 『보통 사람들의 전쟁』, 장용원 옮김, 흐름출판, 2019.
- 김만권, 『열심히 일하지 않아도 괜찮아!』, 여문책, 2018.
- 칼 베네딕트 프레이, 『테크놀로지의 덫』, 조미현 옮김, 에코리브르, 2019.

찾아보기

ㄱ

ㅁ

ㅂ

ㅈ

ㅊ

ㅎ